"十四五"职业教育国家规划教材

高等职业教育课程改革系列教材
"十三五"江苏省高等学校重点教材
（编号：2016-2-097）

传感与智能控制

主　编　杨　燕
副主编　程丽媛　赵　燕
参　编　王　博　叶菊珍　刘俊栋　林　然

机械工业出版社

本书为"十三五"江苏省高等学校重点教材,根据江苏省电子信息重点专业群建设要求编写,面向应用电子技术、电子信息工程技术、电气自动化等专业的核心课程。

全书共 8 个项目。项目 1 为传感器与智能控制的基本知识,总体介绍了传感器的基本知识、测量及误差的基本常识、智能控制的基本知识和传感器接口电路;项目 2 ~ 项目 7 分别对温度传感器的应用、压力传感器的应用、光电传感器的应用、物位传感器的应用、位移传感器的应用、环境传感器的应用 6 个典型应用进行介绍,内容全面,综合性强;项目 8 为传感器的综合应用,从传感器在现代机器人和手机中的应用两个方面加以阐述,使学生了解传感器应用的技术前沿状况,从而为今后的工作或继续学习奠定良好的基础。

本书可作为高等职业院校、职业大学机电类各专业传感检测控制类教材,也可作为应用型本科院校相关课程的教材,以及相关工程技术人员的参考用书。

为方便教师教学,本书有电子课件、复习与训练答案、模拟试卷及答案等教学资源,凡选用本书作为授课教材的教师,均可通过电话(010-88379564)或 QQ(3045474130)咨询。

图书在版编目(CIP)数据

传感与智能控制/杨燕主编 . —北京:机械工业出版社,2019.9
(2024.2 重印)
高等职业教育课程改革系列教材
ISBN 978-7-111-63568-0

Ⅰ.①传… Ⅱ.①杨… Ⅲ.①传感器-高等职业教育-教材②智能控制-高等职业教育-教材 Ⅳ.①TP212②TP273

中国版本图书馆 CIP 数据核字(2019)第 185929 号

机械工业出版社(北京市百万庄大街 22 号 邮政编码 100037)
策划编辑:曲世海 责任编辑:曲世海 韩 静
责任校对:王 欣 封面设计:马精明
责任印制:单爱军
北京虎彩文化传播有限公司印刷
2024 年 2 月第 1 版第 7 次印刷
184mm×260mm · 12.25 印张 · 296 千字
标准书号:ISBN 978-7-111-63568-0
定价:45.00 元

电话服务 网络服务
客服电话:010-88361066 机 工 官 网:www.cmpbook.com
010-88379833 机 工 官 博:weibo.com/cmp1952
010-68326294 金 书 网:www.golden-book.com
封底无防伪标均为盗版 机工教育服务网:www.cmpedu.com

关于"十四五"职业教育
国家规划教材的出版说明

为贯彻落实《中共中央关于认真学习宣传贯彻党的二十大精神的决定》《习近平新时代中国特色社会主义思想进课程教材指南》《职业院校教材管理办法》等文件精神，机械工业出版社与教材编写团队一道，认真执行思政内容进教材、进课堂、进头脑要求，尊重教育规律，遵循学科特点，对教材内容进行了更新，着力落实以下要求：

1. 提升教材铸魂育人功能，培育、践行社会主义核心价值观，教育引导学生树立共产主义远大理想和中国特色社会主义共同理想，坚定"四个自信"，厚植爱国主义情怀，把爱国情、强国志、报国行自觉融入建设社会主义现代化强国、实现中华民族伟大复兴的奋斗之中。同时，弘扬中华优秀传统文化，深入开展宪法法治教育。

2. 注重科学思维方法训练和科学伦理教育，培养学生探索未知、追求真理、勇攀科学高峰的责任感和使命感；强化学生工程伦理教育，培养学生精益求精的大国工匠精神，激发学生科技报国的家国情怀和使命担当。加快构建中国特色哲学社会科学学科体系、学术体系、话语体系。帮助学生了解相关专业和行业领域的国家战略、法律法规和相关政策，引导学生深入社会实践、关注现实问题，培育学生经世济民、诚信服务、德法兼修的职业素养。

3. 教育引导学生深刻理解并自觉实践各行业的职业精神、职业规范，增强职业责任感，培养遵纪守法、爱岗敬业、无私奉献、诚实守信、公道办事、开拓创新的职业品格和行为习惯。

在此基础上，及时更新教材知识内容，体现产业发展的新技术、新工艺、新规范、新标准。加强教材数字化建设，丰富配套资源，形成可听、可视、可练、可互动的融媒体教材。

教材建设需要各方的共同努力，也欢迎相关教材使用院校的师生及时反馈意见和建议，我们将认真组织力量进行研究，在后续重印及再版时吸纳改进，不断推动高质量教材出版。

机械工业出版社

前　言

　　"传感与智能控制"是为满足江苏省电子信息重点专业群建设要求,面向省级特色专业"应用电子技术"和省级品牌专业"电子信息工程技术"设置的核心课程,不仅适应电子控制系统智能化和集成化新技术发展需求,还融合传感器技术应用和智能控制系统技术进行了创新与改革。本书配套该课程,对教材内容进行革新和重编,以填补同类教材的空白。

　　本书紧扣高职高专课程改革,从培养应用型人才的目标出发,遵循"理论适度、培养技能、拓展思维、突出应用"的原则,在教材内容的选取、结构的安排上,立足于完整智能控制子项目,选取典型的应用实例为载体,阐述传感器的基本原理、传感器的选用、信号处理、接口电路、控制系统和智能化的实现。

　　本书以任务引领为主线,对教材的编写模式进行了全面改革,以实际案例带动理论知识的学习,实现了"任务驱动"。教学单元按照明确任务(任务目标)—任务分析—任务实施—任务总结的模式,实现"教、学、做、创"的统一,体现"教中做,做中学"的一体化教学模式。

　　本书编写坚持"立德树人"根本宗旨,以习近平新时代中国特色社会主义思想为指导方针,按照"红色基因传承""时代精神塑造""职业素养养成"和"人文素养提升"四个维度系统梳理专业人才培养思政要求,并将其有机融入课程项目,培养学生综合素养,引导学生立志成为大国工匠、勇于担当民族复兴大任。

　　本书内容经过几届学生、多个专业的使用,取得了良好的效果,现经整理完善后,把它献给广大读者,期望能起到抛砖引玉的作用,为提高我国高职高专传感器与智能控制技术的教学水平尽微薄之力。

　　本书由杨燕任主编,程丽媛、赵燕任副主编,王博、叶菊珍、刘俊栋、林然参编。其中,杨燕编写了项目1、3、5,程丽媛编写了其余项目中的大部分内容,刘俊栋、林然参与了部分内容的编写,全书由赵燕统稿,王博、叶菊珍负责文字处理、校稿、绘图。本书由江国栋、刘卉协助审稿,张晓阳、李镇制作了部分资源,在此一并表示衷心的感谢!在本书的编写过程中参阅了多种同类教材、专著、企业实例和网络资料,在此向其作者致谢。

　　由于技术的发展日新月异,加之编者学识和水平有限,书中不妥和错误之处在所难免,敬请广大同仁与读者批评指正。

编　者

序号	名称	二维码	页码	序号	名称	二维码	页码
1	传感器的基本知识		6	9	热释电型红外传感器		83
2	测量及误差		9	10	霍尔传感器		89
3	智能控制的基本知识		13	11	电涡流式接近开关		102
4	传感器接口电路		16	12	电位器式位移传感器		116
5	热电偶的工作原理		18	13	气敏传感器		140
6	热电阻在温度测量中的应用		39	14	湿度传感器		140
7	热敏电阻在温度测量中的应用		44	15	现代机器人中的传感器应用		159
8	石英晶体的压电效应		62	16	手机中的传感器		184

目　录

项目1

传感器与智能控制的基本知识

任务1　传感器的基本知识

1.1.1　任务目标

素质目标：培养勇于探索的创新意识，树立技能报国的远大志向。

通过本任务的学习，掌握传感器的基本概念、组成与分类、主要作用及特点、主要功能、主要特性、选用原则等，了解传感器的发展动向及其运用。

1.1.2　任务分析

1. 传感器的基本概念

传感器（Transducer/Sensor）是一种检测装置，它能感受到被测量的信息，并能将感受到的信息按一定规律变换成为电信号或其他所需形式的信息输出，以满足信息的传输、处理、存储、显示、记录和控制等要求。

传感器的特点包括微型化、数字化、智能化、多功能化、系统化、网络化。它是实现自动检测和自动控制的首要环节。传感器的存在和发展，使物体有了触觉、味觉和嗅觉等"感官"，让物体慢慢变得"活"了起来。通常根据其基本感知功能分为热敏元件、光敏元件、气敏元件、力敏元件、磁敏元件、湿敏元件、声敏元件、放射线敏感元件、色敏元件和味敏元件十大类。

2. 传感器的组成

传感器一般由敏感元件、转换元件、变换电路和辅助电源四部分组成，如图1-1所示。

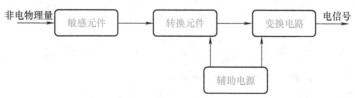

图 1-1　传感器的组成

敏感元件直接感受被测量，并输出与被测量有确定关系的物理量信号；转换元件将敏感元件输出的物理量信号转换为电信号；变换电路负责对转换元件输出的电信号进行放大调制；转换元件和变换电路一般还需要辅助电源供电。

3. 传感器的分类

（1）按用途分类　传感器按用途分为压力传感器、位置传感器、液位传感器、能耗传感器、速度传感器、加速度传感器、射线辐射传感器和热敏传感器等。

（2）按原理分类　传感器按原理分为振动传感器、湿度传感器、磁敏传感器、气敏传感器、真空度传感器和生物传感器等。

（3）按输出信号分类　传感器按输出信号分为模拟传感器、数字传感器和开关传感器。

模拟传感器是将被测量的非电学量转换成模拟电信号。

数字传感器是将被测量的非电学量转换成数字输出信号（包括直接和间接转换），或将被测量的信号量转换成频率信号或短周期信号（包括直接和间接转换）。

开关传感器是当一个被测量的信号达到某个特定的阈值时，传感器相应地输出一个设定的低电平或高电平信号。

（4）按制造工艺分类　传感器按其制造工艺分为集成传感器、薄膜传感器、厚膜传感器和陶瓷传感器。

集成传感器是用标准的生产硅基半导体集成电路的工艺技术制造的，通常还将用于初步处理被测信号的部分电路也集成在同一芯片上。

薄膜传感器则是通过沉积在介质衬底（基板）上的相应敏感材料的薄膜形成的。使用混合工艺时，同样可将部分电路制造在此基板上。

厚膜传感器是利用相应材料的浆料，涂覆在陶瓷基片上制成的，基片通常是由 Al_2O_3 制成的，然后进行热处理，使厚膜成形。

陶瓷传感器是采用标准的陶瓷工艺或某种变种工艺（溶胶、凝胶等）生产的。完成适当的预备性操作之后，已成形的元件在高温中进行烧结。厚膜工艺和陶瓷工艺这两种工艺之间有许多共同特性，在某些方面，可以认为厚膜工艺是陶瓷工艺的一种变形。

每种工艺技术都有各自的优点和不足。由于研究、开发和生产所需的资本投入较低，以及传感器参数的高稳定性等原因，通常采用陶瓷传感器和厚膜传感器更加普遍、合理。

（5）按测量物体分类　传感器按测量物体分为物理型传感器、化学型传感器和生物型传感器。

物理型传感器是利用被测量物质的某些物理性质发生明显变化的特性制成的。

化学型传感器是利用能把化学物质的成分、浓度等化学量转化成电学量的敏感元件制成的。

生物型传感器是利用各种生物或生物物质的特性做成的，用以检测与识别生物体内的化学成分。

（6）按构成分类　传感器按其构成分为基本型传感器、组合型传感器和应用型传感器。

基本型传感器是一种最基本的单个变换装置。

组合型传感器是由不同单个变换装置组合而构成的传感器。

应用型传感器是基本型传感器或组合型传感器与其他机构组合而构成的传感器。

（7）按作用形式分类　传感器按作用形式分为主动型传感器和被动型传感器。

主动型传感器又分为作用型和反作用型，此种传感器对被测对象能发出一定的探测信号，还能探测信号在被测对象中所产生的变化，或者由探测信号在被测对象中产生某种效应而形成信号。检测探测信号变化方式的称为作用型，检测产生响应而形成信号方式的称为反作用型。雷达与无线电频率范围探测器是作用型实例，而光声效应分析装置与激光分析器是反作用型实例。

被动型传感器只是接收被测对象本身产生的信号，如红外辐射温度计、红外摄像装置等。

4. 传感器的主要作用及特点

人们为了从外界获取信息，必须借助于感觉器官。而如果单靠人们自身的感觉器官，在研究自然现象、自然规律的过程中以及生产活动中是远远不够的。为适应这种情况，就需要用到传感器，因此可以说，传感器是人类五官的延长，所以又称之为电五官。

随着新技术革命的到来，世界开始进入信息时代。在利用信息的过程中，首先要解决的就是要获取准确可靠的信息，而传感器是获取自然和生产领域中信息的主要途径与手段。

在现代工业生产尤其是自动化生产过程中，要通过各种传感器来监测和控制生产过程中的各个参数，使设备工作在正常状态或最佳状态，才能使产品达到最好的质量。因此可以说，没有众多的优良的传感器，现代化生产也就失去了基础。

在基础学科研究中，传感器更具有突出的地位。随着现代科学技术的发展，传感器已进入了许多新领域。例如在宏观上要观察茫茫宇宙，微观上要观察粒子世界，纵向上要观察长达数十万年的天体演变或时间短到稍纵即逝的瞬间反应。此外，还出现了对深化物质认识及开拓新能源、新材料等具有重要作用的各种极端技术研究，如超高温、超低温、超高压、超高真空、超强磁场、超弱磁场等。显然，这要获取大量人类感官无法直接获取的信息，没有相应的传感器是难以实现的。许多基础科学研究的障碍，首先就在于对象信息的获取存在困难，而一些新机理和高灵敏度的检测传感器的出现，往往会促成该领域内的突破。因此，传感器的发展往往成为一些边缘学科开发的先驱。

如今，传感器早已渗透到诸如工业生产、宇宙开发、海洋探测、环境保护、资源勘查、医学诊断、生物工程、文物保护等极其广泛的领域。可以毫不夸张地说，从广袤的太空，到浩瀚的海洋，以至各种复杂的工程系统，几乎每一个现代化项目，都离不开各种各样的传感器。

由此可见，传感器技术在发展经济、推动社会进步方面起到的重要作用是十分明显的。世界各国都十分重视这一领域的发展，相信在不久的将来，传感器技术将会出现一个飞跃，达到与其重要地位相称的新水平。传感器系统实物图如图 1-2 所示。

5. 传感器的主要功能

人们常将传感器的功能与人类五大感觉器官相比拟：

光敏传感器——视觉；
声敏传感器——听觉；
气敏传感器——嗅觉；

图 1-2 传感器系统实物图

化学传感器——味觉；

压敏、温敏、流体传感器——触觉。

6. 传感器的主要特性

（1）静态特性 传感器的静态特性是指对静态的输入信号，传感器的输出量与输入量之间所具有的相互关系。因为这时输入量和输出量都和时间无关，所以它们之间的关系（即传感器的静态特性）可用一个不含时间变量的代数方程来表示，或用以输入量作为横坐标、以与其对应的输出量作为纵坐标而画出的特性曲线来描述。表征传感器静态特性的主要参数有线性度、灵敏度、迟滞、重复性、漂移等。

1）线性度。通常情况下，传感器的实际静态特性输出是曲线而非直线。在实际工作中，为使仪表具有均匀刻度的读数，常用一条拟合直线近似地代表实际的特性曲线，线性度（非线性误差）就是这个近似程度的一个性能指标。拟合直线的选取有多种方法，如将零输入和满量程输出点相连的理论直线作为拟合直线；或将与特性曲线上各点偏差的二次方和为最小的理论直线作为拟合直线，此拟合直线称为最小二乘法拟合直线。

2）灵敏度。灵敏度是指传感器在稳态工作情况下输出量变化 Δy 对输入量变化 Δx 的比值。

它是输出—输入特性曲线的斜率。如果传感器的输出和输入之间成线性关系，则灵敏度 S 是一个常数。否则，它将随输入量的变化而变化。

灵敏度的量纲是输出、输入量的量纲之比。例如，某位移传感器，在位移变化 1mm 时，输出电压变化为 200mV，则其灵敏度应表示为 200mV/mm。

当传感器的输出、输入量的量纲相同时，灵敏度可理解为放大倍数。

提高灵敏度，可得到较高的测量准确度。但灵敏度越高，测量范围越窄，稳定性也往往越差。

3）迟滞。传感器在输入量由小到大（正行程）及输入量由大到小（反行程）变化期间，其输入、输出特性曲线不重合的现象称为迟滞。对于同一大小的输入信号，传感器的正反行程输出信号大小不相等，这个差值称为迟滞差值。

4）重复性。重复性是指传感器在输入量按同一方向全量程连续多次变化时，所得特性曲线不一致的程度。

5）漂移。在传感器的输入量不变的情况下，其输出量随着时间变化，此现象称为漂移。产生漂移的原因有两个方面：一是传感器自身结构参数；二是周围环境（如温度、湿度等）。

6）分辨力。当传感器的输入从非零值缓慢增加时，在超过某一增量后输出发生可观测的变化，这个输入增量称为传感器的分辨力，即最小输入增量。

7）阈值。当传感器的输入从零值开始缓慢增加时，在达到某一值后输出发生可观测的变化，这个输入值称为传感器的阈值电压。

（2）动态特性 在动态（快速变化）的输入信号下，要求传感器不仅能精确地测量信号的幅值大小，而且能测量出信号变化的过程，即要求传感器能迅速、准确地响应和再现被测信号的变化。也就是说，传感器要有良好的动态特性。

在实际工作中，传感器的动态特性常用它对某些标准输入信号的响应来表示。这是因为传感器对标准输入信号的响应容易用实验的方法求得，并且它对标准输入信号的响应与它对任意输入信号的响应之间存在一定的关系，往往知道了前者就能推出后者。最常用的标准输入信号有阶跃信号和正弦信号两种，所以传感器的动态特性也常用阶跃响应和频率响应来表示。

给传感器输入一个单位阶跃函数信号：

$$u(t) = \begin{cases} 0 & t \leqslant 0 \\ 1 & t > 0 \end{cases} \tag{1-1}$$

其输出特性称为阶跃响应特性。

与阶跃响应特性有关的几个指标如下：

最大超调量 α：输出超过稳定值的最大值，常用百分数来表示。

上升时间 t_r：输出值由稳态值的 10% 到达 90% 所需的时间。

响应时间 t_s：输出达到稳定值的 95% 或允许误差范围时所需的时间，也称建立时间或过渡过程时间。

延迟时间 t_d：阶跃响应达到稳态值的 50% 所需要的时间。

峰值时间 t_p：响应曲线到达第一个峰值所需要的时间。

衰减度 ψ：瞬态过程中振荡幅值衰减的速度。

7. 传感器的选用原则

要进行一项具体的测量工作，首先要考虑采用何种原理的传感器，这需要分析多方面的因素之后才能确定。因为，即使是测量同一物理量，也有多种原理的传感器可供选用，究竟哪一种原理的传感器更为合适，则需要根据被测量的特点和传感器的使用条件考虑以下一些具体问题：量程的大小；被测位置对传感器体积的要求；测量方式为接触式还是非接触式；信号的引出方法是有线还是非接触测量；传感器的来源是国产还是进口，价格能否承受，或是自行研制。

在考虑上述问题之后就能确定选用何种类型的传感器，然后再考虑传感器的具体性能指标。

（1）灵敏度的选择　通常，在传感器的线性范围内，希望传感器的灵敏度越高越好。因为只有灵敏度高时，与被测量变化对应的输出信号的值才比较大，有利于信号处理。但要注意的是，传感器的灵敏度高，与被测量无关的外界噪声也容易混入，也会被放大系统放大，从而影响测量准确度。因此，要求传感器本身应具有较高的信噪比，尽量减少从外界引入的干扰信号。

传感器的灵敏度是有方向性的。当被测量是单向量，而且对其方向性要求较高时，则应选择其他方向灵敏度小的传感器；如果被测量是多维向量，则要求传感器的交叉灵敏度越小越好。

（2）频率响应特性　传感器的频率响应特性决定了被测量的频率范围，必须在允许频率范围内保持不失真。实际上传感器的响应总有一定延迟，希望延迟时间越短越好。传感器的频率响应越高，可测的信号频率范围就越宽。

在动态测量中，应根据信号的特点（稳态、瞬态、随机等）确定响应特性，以免产生过大的误差。

（3）**线性范围** 传感器的线性范围是指输出与输入成正比的范围。从理论上讲，在此范围内，灵敏度保持定值。传感器的线性范围越宽，则其量程越大，并且能保证一定的测量准确度。在选择传感器时，当传感器的种类确定以后首先要看其量程是否满足要求。

但实际上，任何传感器都不能保证绝对的线性，其线性度也是相对的。当所要求的测量准确度比较低时，在一定的范围内，可将非线性误差较小的传感器近似看作线性的，这会给测量带来极大的方便。

（4）**稳定性** 传感器使用一段时间后，其性能保持不变的能力称为稳定性。影响传感器长期稳定性的因素除传感器本身结构外，主要是传感器的使用环境。因此，要使传感器具有良好的稳定性，就必须要使它具有较强的环境适应能力。在选择传感器之前，应对其使用环境进行调查，并根据具体的使用环境选择合适的传感器，或采取适当的措施，减小环境的影响。

传感器的稳定性有定量指标，在超过使用期后，在使用前应重新进行标定，以确定传感器的性能是否发生变化。在某些要求传感器能长期使用而又不能轻易更换或标定的场合，所选用的传感器稳定性要求更严格，要能够经受住长时间的考验。

（5）**准确度** 准确度是传感器的一个重要的性能指标，它是关系到整个测量系统测量准确度的一个重要环节。传感器的准确度越高，其价格越昂贵，因此，传感器的准确度只要满足整个测量系统的准确度要求即可，不必选得过高。这样就可以在满足同一测量目的的诸多传感器中选择比较便宜和简单的传感器作为配件。

如果测量目的是定性分析，选用重复准确度高的传感器即可，不宜选用绝对量值准确度高的；如果是为了定量分析，必须获得精确的测量值，就需选用准确度等级能满足要求的传感器。对某些特殊使用场合，无法选到合适的传感器，则需自行设计制造传感器，自制传感器的性能应能满足使用要求。

1.1.3 任务总结

传感器是利用物理、化学和生物等学科的某些效应或原理按照一定的制造工艺研制出来的，由某一原理设计的传感器可以测量多种非电量，而有时一种非电量又可以用几种不同的传感器测量。因此，传感器可以按被测量分类，也可以按工作原理分类。

传感器的基本知识

传感器的特点包括：微型化、数字化、智能化、多功能化、系统化、网络化，它不仅促进了传统产业的改造和更新换代，而且还可能建立新型工业，从而成为 21 世纪新的经济增长点。微型化是建立在微电子机械系统（MEMS）技术基础上的，已成功应用在硅器件上做成硅压力传感器。

传感器的静态特性指的是对静态的输入信号，传感器的输出量和输入量之间所具有的相互关系。因为这时输入量和输出量都和时间无关，因此它们之间的关系（即传感器的静态特性）可用一个不含时间变量的代数方程来表示，或用以输入量作为横坐标、以与其对应的输出量作为纵坐标而画出的特性曲线来描述。表征传感器静态特性的主要参数包括：线性度、灵敏度、迟滞、重复性、漂移等。

任务 2　测量及误差的基本常识

1.2.1　任务目标

素质目标：培养严谨求实的科学精神和一丝不苟的工匠精神。

通过本任务的学习，掌握测量误差的分类及误差的表示，会进行计算，并分析测量结果。

1.2.2　任务分析

1. 误差的分类

为了便于对误差进行研究，需要对误差分类。对误差的分类可从不同角度进行，例如：从误差产生的原因出发，可将误差分为仪器误差、方法误差、环境误差和人为误差等。然而从计量学的观点出发，根据测量数据处理方法的需要，从测量误差出现的规律来分类是最合适的。因此，在误差理论中通常根据误差出现的规律将误差分为系统误差、随机误差和过失误差三类，下面将分别进行介绍。

（1）系统误差　系统误差又称为可测误差或规律误差，它是指偏离测量规定的条件或测量方法所导致的、按某些确定规律变化的误差。这类误差的特征是：在所处测量条件下，误差的绝对值和符号保持恒定，或遵循一定的规律变化（大小和符号都按一定规律变化）。根据误差出现的规律性，系统误差可分为：误差值和符号不变的恒定误差、误差值大小和符号在变化的变值误差。

（2）随机误差　随机误差又称为未定误差，它是指在实际测量条件下，多次测量同一量值时，绝对值和符号以不可预知的方式变化的误差。这种误差出现的规律性很复杂，只能用统计的方法找出误差的大小和出现次数之间的数字关系，即找出误差的分布规律。当测量次数不断增加时，其误差的算术平均值趋向于零。

从概率论和数理统计学的观点可以认为这类误差是在测量条件下的随机事件，从概率观点来看，它是围绕在测量结果的算术平均值（数学期望）周围随机变化的部分。要分析这类误差，必须了解它的概率分布规律，经典的误差理论认为：随机误差出现的概率分布为正态分布，并在这一前提下建立了随机误差的统计分析方法。

（3）过失误差　过失误差又称粗大误差或操作误差，它是指不能正确测量而导致严重歪曲测量结果的那种误差，其误差值超过规定条件下的预期值的误差大小。过失误差是由于测量中出现的过失所致，主要原因有三个：测量者主观疏忽或客观条件突变而测量者未能及时加以纠正，导致读数、记录或计算出错；使用的测量仪器本身有缺陷而测量者又未能发现；测量者操作测量仪器的方法有误。

过失误差可以根据误差理论判断出来，含有过失误差的测量数据应在数据处理时予以剔除，否则测量结果将不真实，即与真值有较大的偏差。

2. 误差的表示方法

传感器作为一种把非电量转换为电量的仪器，测得值与真实值之间的差值即为测量误差，它有两种表示方法：

（1）绝对误差 Δ 绝对误差指测量值 A_x 与真值 A_0 之间的差值，它反映了测量值偏离真值的多少，用公式表示为

$$\Delta = A_x - A_0 \qquad (1\text{-}2)$$

因为真值一般无法得到，所以常用高准确度等级的标准仪器所测得的实际值 A 代替真值，则这时绝对误差可表示为

$$\Delta = A_x - A \qquad (1\text{-}3)$$

实际中在测量同一被测量时，我们可以用绝对误差的绝对值来比较不同仪表的准确程度，该绝对值越小的仪表准确度越高。

【例 1-1】 用一只标准电压表来校验甲、乙两只电压表，当标准表的指示值为 220V 时，甲、乙两表的读数分别为 220.5V 和 219V，求甲、乙两表的绝对误差。

解： 代入绝对误差的定义式式(1-3)，得

甲表的绝对误差 $\Delta_1 = A_{x1} - A = 220.5\text{V} - 220\text{V} = 0.5\text{V}$

乙表的绝对误差 $\Delta_2 = A_{x2} - A = 219\text{V} - 220\text{V} = -1\text{V}$

（2）相对误差

1）实际相对误差 γ_A。实际相对误差是指绝对误差 Δ 与真值 A_0 的百分比，表示为

$$\gamma_A = \frac{\Delta}{A_0} \times 100\% \qquad (1\text{-}4)$$

2）示值相对误差 γ_x。示值相对误差是指绝对误差 Δ 与测量值 A_x 的百分比，表示为

$$\gamma_X = \frac{\Delta}{A_x} \times 100\% \qquad (1\text{-}5)$$

对于一般的工程测量，用 γ_x 来表示测量的准确度较为方便。

3）满度相对误差 γ_m。满度相对误差是指绝对误差 Δ 与仪表满量程值 A_m 的百分比，表示为

$$\gamma_m = \frac{\Delta}{A_m} \times 100\% \qquad (1\text{-}6)$$

当式(1-6) 中的 Δ 取为最大值 Δ_m 时，称为最大引用误差。

3. 仪表的准确度

国家标准中规定用最大引用误差来表示仪表的准确度。

仪表的准确度：仪表的最大绝对误差 Δ_m 与仪表量程 A_m 比值的百分数，称为仪表的准确度 （$\pm K\%$），即

$$\pm K = \left| \frac{\Delta_m}{A_m} \right| \times 100\% \qquad (1\text{-}7)$$

式中，K 表示仪表的准确度等级，它的百分数表示仪表在规定条件下的最大引用误差。最大引用误差越小，仪表的基本误差越小，准确度越高。仪表的准确度等级见表 1-1。

表 1-1 仪表的准确度等级

准确度等级	0.1	0.2	0.5	1.0	1.5	2.5	5.0
基本误差（%）	±0.1	±0.2	±0.5	±1.0	±1.5	±2.5	±5.0

1.2.3 任务总结

测量及误差

测量值与真值之间的差异称为误差，物理实验离不开对物理量的测量，测量既有直接的，也有间接的。由于仪器、实验条件、环境等因素的限制，测量不可能无限精确，物理量的测量值与客观存在的真值之间总会存在着一定的差异，这种差异就是测量误差。误差是不可避免的，只能尽量减小。

真值是一个客观存在的真实数值，但又不能直接测定出来。如一个物质中的某一组分含量，应该是一个确切的真实数值，但又无法直接确定。由于真值无法知道，所以往往都是进行许多次平行实验，取其平均值或中位值作为真值，或者以公认的手册上的数据作为真值。

任务3　智能控制的基本知识

1.3.1 任务目标

素质目标：培养爱国情怀，树立报国志向，培养创新精神。

智能控制（Intelligent Control）是在无人干预的情况下能自主地驱动智能仪器实现控制目标的自动控制技术。即设计一个控制器或系统，使之具有学习、抽象、推理、决策等功能，并能根据环境信息的变化做出适应性反应，从而实现由人来完成的任务。智能控制就是应用人工智能的理论与技术和运筹学的优化方法，并将其同控制理论方法与技术相结合，在未知环境下，仿效人的智能，实现对系统的控制。可见，智能控制代表着自动控制学科发展的最新进程。智能控制的几个重要分支为专家控制、模糊控制、神经网络控制和遗传算法。

控制理论发展至今已有100多年的历史，经历了"经典控制理论"和"现代控制理论"的发展阶段，已进入"大系统理论"和"智能控制理论"阶段。智能控制理论的研究和应用是现代控制理论在深度和广度上的拓展。智能控制是自动控制发展的最新阶段，主要用于解决传统控制难以解决的复杂系统的控制问题，包括智能机器人控制、计算机集成制造系统（CIMS）、工业过程控制、航空航天控制、社会经济管理系统、交通运输系统、环保及能源系统等。近年来，神经网络、模糊数学、专家系统、进化论等各门学科的发展给智能控制注入了巨大的活力，由此产生了各种智能控制方法。

在工业控制中，PID控制是工业控制中最常用的方法。这是因为PID控制器结构简单，实现容易，控制效果良好，已得到广泛应用。但是，参数的整定复杂，是常规PID控制器难以解决的问题。针对这一情况，可应用智能控制的几大分支，如模糊控制、专家系统控制以及神经网络的控制方案，并应用MATLAB进行系统仿真实验，对实验结果进行分析。

通过本任务的学习，掌握智能控制的定义、技术基础、研究对象、特点与应用以及它的发展趋势，通过比较了解智能控制与传统控制的区别。

1.3.2 任务分析

1. 智能控制的定义

定义一：智能控制是由智能机器自主地实现其目标的过程。而智能机器则定义为，在结构化或非结构化、熟悉或陌生的环境中，自主地或与人交互地执行人类规定的任务的一种机器。

定义二：K. J. 奥斯托罗姆认为，把人类具有的直觉推理和试凑法等智能加以形式化或机器模拟，并用于控制系统的分析与设计中，使之在一定程度上实现控制系统的智能化，这就是智能控制。他还认为，自调节控制、自适应控制就是智能控制的低级体现。

定义三：智能控制是一类无需人的干预就能够自主地驱动智能机器实现其目标的自动控制，也是用计算机模拟人类智能的一个重要领域。

定义四：智能控制实际只是研究与模拟人类智能活动及其控制与信息传递过程的规律，研制具有仿人智能的工程控制与信息处理系统的一个新兴分支学科。

2. 智能控制的技术基础

智能控制以控制理论、计算机科学、人工智能、运筹学等学科为基础，扩展了相关的理论和技术，其中应用较多的有模糊逻辑、神经网络、专家系统、遗传算法等理论，以及自适应控制、自组织控制和自学习控制等技术。

专家系统是利用专家知识对专门的或困难的问题进行描述的控制系统。尽管专家系统在解决复杂的高级推理中获得了较为成功的应用，但是专家系统的实际应用相对还是比较少的。

模糊逻辑用模糊语言描述系统，既可以描述应用系统的定量模型，也可以描述其定性模型。模糊逻辑可适用于任意复杂的对象控制。

遗传算法作为一种非确定的拟自然随机优化工具，具有并行计算、快速寻找全局最优解等特点，它可以和其他技术混合使用，用于智能控制的参数、结构或环境的最优控制。

神经网络是利用大量的神经元，按一定的拓扑结构进行学习和调整的自适应控制方法。它能表示出丰富的特性，具体包括并行计算、分布存储、可变结构、高度容错、非线性运算、自我组织、学习或自学习，这些特性是人们长期追求和期望的系统特性。神经网络在智能控制的参数、结构或环境的自适应、自组织、自学习等控制方面具有独特的能力。

智能控制的相关技术与控制方式结合，或综合交叉结合，可以构成风格和功能各异的智能控制系统和智能控制器，这也是智能控制技术的一个主要特点。

3. 智能控制的研究对象

智能控制研究的主要目标不再是被控对象，而是控制器本身。控制器不再是单一的数学解析模型，而是数学解析和知识系统相结合的广义模型，是多种学科知识相结合的控制系统。智能控制理论是建立被控动态过程的特征模式识别，基于知识、经验的推理及智能决策基础上的控制。一个好的智能控制器本身应具有多模式、变结构、变参数等特点，可根据被控动态过程特征识别、学习并组织自身的控制模式，改变控制器结构和调整参数。

智能控制的研究对象具备以下特点：

1）不确定性的模型。智能控制的研究对象通常存在严重的不确定性。这里所说的模型不确定性包含两层意思：一是模型未知或知之甚少；二是模型的结构和参数可能在很大范围内变化。

2）高度的非线性。对于具有高度非线性特性的控制对象，采用智能控制的方法往往可以较好地解决非线性系统的控制问题。

3）复杂的任务要求。对于智能控制系统，任务的要求往往比较复杂，要具体情况具体对待。

4. 智能控制的特点

智能控制与传统控制的主要区别在于，传统的控制方法必须依赖于被控制对象的模型，而智能控制可以解决非模型化系统的控制问题。与传统控制相比，智能控制具有以下基本特点：

1）智能控制的核心是高层控制，能对复杂系统（如非线性、复杂多变量、环境扰动等）进行有效的全局控制，实现广义问题求解，并具有较强的容错能力。

2）智能控制系统能以知识表示非数学广义模型和以数学表示混合控制过程，采用开闭环控制和定性决策及定量控制结合的多模态控制方式。

3）智能控制的基本目的是从系统的功能和整体优化的角度来分析和综合系统，以实现预定的目标。智能控制系统具有变结构特点，具有自适应、自组织、自学习和自协调能力。

4）智能控制系统具有足够的关于人的控制策略、被控对象及环境的有关知识以及运用这些知识的能力。

5）智能控制系统有补偿及自修复能力和判断决策能力。

5. 智能控制的应用

智能控制在应用中存在的主要问题：实际系统由于存在复杂性、非线性、时变性、不确定性和不完全性等，一般无法获得精确的数学模型；应用传统控制理论进行控制必须提出并遵循一些比较苛刻的线性化假设，而这些假设在应用中往往与实际情况不相吻合；对于某些复杂的和包含不确定性的控制过程，根本无法用传统数学模型来表示，即无法解决建模问题；为提高控制性能，传统控制系统可能变得很复杂，从而增加了设备的投资，降低了系统的可靠性。

智能控制在工业过程、机械制造及电力电子学研究领域等各行各业都有广泛的应用。

（1）工业过程中的智能控制　工业过程的智能控制主要包括两个方面：局部级和全局级。局部级的智能控制是指将智能技术引入工艺过程中的某一单元进行控制器设计，例如智能 PID 控制器、专家控制器、神经元网络控制器等。其中研究热点是智能 PID 控制器，因为其在参数的整定和在线自适应调整方面具有明显的优势，且可用于控制一些非线性的复杂对象。全局级的智能控制主要针对整个生产过程的自动化，包括整个操作工艺的控制、过程的故障诊断、规划过程操作、处理异常等。

（2）机械制造中的智能控制　在现代先进制造系统中，需要依赖那些不够完备和不够精确的数据来解决难以或无法预测的情况，人工智能技术为解决这一难题提供了有效的解决方案。智能控制也随之被广泛地应用于机械制造行业，它利用模糊数学、神经网络的方法对制造过程进行动态环境建模，利用传感器融合技术来进行信息的预处理和综合。可采用专家系统的 "Then-If" 逆向推理作为反馈机构，修改控制机构或者选择较好的控制模式和参数。利用模糊集合和模糊关系的鲁棒性，将模糊信息集成到闭环控制的外环决策选取机构来选择控制动作。利用神经网络的学习功能和并行处理信息的能力，进行在线的模式识别，处理那些可能是残缺不全的信息。

（3）电力电子学研究领域中的智能控制　电力系统中发电机、变压器、电动机等电气设备的设计、生产、运行、控制是一个复杂的过程，国内外的电气工作者将人工智能技术引入到电气设备的优化设计、故障诊断及控制中，取得了良好的控制效果。遗传算法是一种先进的优化算法，采用此方法对电气设备的设计进行优化，可以降低成本，缩短计算时间，提高产品设计的效率和质量。应用于电气设备故障诊断的智能控制技术有：模糊逻辑、专家系统和神经网络。在电力电子学的众多应用领域中，智能控制在电流控制 PWM 技术中的应用是具有代表性的技术应用方向之一，也是研究的新热点之一。

6. 智能控制的发展趋势

智能控制是自动控制理论发展的必然趋势，人工智能为智能控制的产生提供了机遇。

自动控制理论是人类在征服自然、改造自然的斗争中形成和发展的。控制理论从形成发展至今，已经经历多年的历程，分为三个阶段：第一阶段以 20 世纪 40 年代兴起的调节原理为标志，称为经典控制理论阶段；第二阶段以 20 世纪 60 年代兴起的状态空间法为标志，称为现代控制理论阶段；第三阶段则是 20 世纪 80 年代兴起的智能控制理论阶段。

傅京孙在 1971 年指出，为了解决智能控制的问题，用严格的数学方法研究发展新的工具，对复杂的"环境—对象"进行建模和识别，以实现最优控制，或者用人工智能的启发式思想建立对不能精确定义的环境和任务的控制设计方法。这两者都值得一试，而更重要的也许还是把这两种途径紧密地结合起来，协调地进行研究。也就是说，对于复杂的环境和复杂的任务，如何将人工智能技术中较少依赖模型的问题的求解方法与常规的控制方法相结合，这正是智能控制所要解决的问题。

Saridis 在进行控制系统研究的基础上，提出了分级递阶和智能控制结构，整个结构自上而下分为组织级、协调级和执行级三个层次。其中，执行级是面向设备参数的基础自动化级，在这一级不存在结构性的不确定性，可以用常规控制理论的方法设计；协调级实际上是一个离散事件动态系统，主要运用运筹学的方法研究；组织级涉及感知环境和追求目标的高层决策等，类似于人类智能的功能，可以借鉴人工智能的方法来研究。因此，Saridis 将傅京孙关于智能控制是人工智能与自动控制相结合的提法发展为：智能控制是人工智能、运筹学和控制系统理论三者的结合。

1985 年 8 月，IEEE 在美国纽约召开了第一届智能控制学术讨论会，智能控制原理和智能控制系统的结构成为这次会议的主要议题。这次会议决定，在 IEEE 控制系统学会下设立一个 IEEE 智能控制专业委员会，这标志着智能控制这一新兴学科研究领域的正式诞生，智能控制作为一门独立的学科，已正式在国际上建立起来。智能控制技术在国内也受到了广泛重视，中国自动化学会 1993 年 8 月在北京召开了第一届全球华人智能控制与智能自动化大会，1995 年 8 月在天津召开了智能自动化专业委员会成立大会及首届中国智能自动化学术会议，1997 年 6 月在西安召开了第二届全球华人智能控制与智能自动化大会。

近年来，智能控制技术在国内外已有了较大的发展，已进入工程化、实用化的阶段。但作为一门新兴的理论技术，它还处在一个发展时期。然而，随着人工智能技术、计算机技术的迅速发展，智能控制必将迎来它的发展新时期。

7. 智能控制与传统控制的区别

传统控制方法在处理复杂性和不确定性问题方面的能力很弱；智能控制在处理复杂性和不确定性问题方面的能力较强。智能控制系统的核心任务是控制具有复杂性和不确定性的系统，而控制的最有效途径就是采用仿人智能控制决策。

传统控制是基于被控对象精确模型的控制方式；智能控制的核心是基于知识进行智能决策，采用灵活机动的决策方式迫使控制朝着期望的目标逼近。

传统控制（Conventional Control）包括经典反馈控制和现代理论控制。它们的主要特征是基于精确的系统数学模型的控制，适于解决线性、时不变等相对简单的控制问题。智能控制（Intelligent Control）对以上问题用智能的方法同样可以解决。智能控制是对传统控制理论的发展，传统控制是智能控制的一个组成部分，在此意义下，两者可以统一在智能控制的框架下。

1.3.3 任务总结

智能控制的
基本知识

智能控制是具有智能信息处理、智能信息反馈和智能控制决策的控制方式，是控制理论发展的高级阶段，主要用来解决那些用传统方法难以解决的复杂系统的控制问题。**智能控制研究对象的主要特点是具有不确定性的数学模型、高度的非线性和复杂的任务要求。**

任务4 传感器接口电路

1.4.1 任务目标

素质目标：培养严谨细致的工匠精神、良好的职业规范和职业责任感。

通过本任务的学习，了解传感器输出信号的处理方法、传感器信号检测电路、传感器与微型计算机的连接以及传感器接口电路应用实例。

1.4.2 任务分析

1. 传感器输出信号的处理方法

由于传感器种类繁多，传感器的输出形式也各式各样。例如，尽管同是温度传感器，热电偶随温度变化输出的是不同电压，热敏电阻随温度变化使电阻发生变化，双金属温度传感器则随温度变化输出开关信号。表1-2列出了传感器的输出信号形式。

表1-2 传感器的输出信号形式

输出形式	输出变化量	传感器的例子
开关信号型	机械触点	双金属温度传感器
	电子开关	霍尔开关式集成传感器
模拟信号型	电压	热电偶、磁敏元件、气敏元件
	电流	光电二极管
	电阻	热敏电阻、应变片
	电容	电容式传感器
	电感	电感式传感器
其他	频率	多普勒速度传感器、谐振式传感器

2. 输出信号的特点

传感器的输出信号具有以下特点：

1）传感器的输出信号一般比较微弱，有的传感器输出电压最小仅 $0.1\mu V$。

2）传感器的输出阻抗都比较高，这样会使传感器信号输入到测量电路时，产生较大的信号衰减。

3）传感器的输出信号动态范围很宽。

4）传感器的输出信号随着输入物理量的变化而变化，但它们之间的关系不一定是线性比例关系。

5）传感器的输出信号大小会受温度的影响，有温度系数存在。

3. 接口电路

输出信号处理的目的是：提高测量系统的测量准确度，提高测量系统的线性度，抑制噪声。输出信号处理由传感器的接口电路完成，处理后的信号应成为可供测量、控制使用及便于向微型计算机输入的信号形式。典型的应用接口电路见表1-3。

表1-3 典型的应用接口电路

接口电路	信号预处理的功能
阻抗变换电路	在传感器输出为高阻抗的情况下，变换为低阻抗，以便于检测电路准确地拾取传感器的输出信号
放大电路	将微弱的传感器输出信号放大
电流—电压转换电路	将传感器的电流输出转换成电压
电桥电路	把传感器的电阻、电容、电感变化转换为电流或电压
频率—电压转换电路	把传感器输出的频率信号转换为电流或电压
电荷放大器	将电场型传感器输出产生的电荷转换为电压
有效值转换电路	在传感器为交流输出的情况下，将其转为有效值，变为直流输出
滤波电路	通过低通及带通滤波器消除传感器的噪声成分
线性化电路	在传感器的特性不是线性的情况下，用来进行线性校正
对数压缩电路	当传感器输出信号的动态范围较宽时，用对数电路进行压缩

4. 传感器信号检测电路

完成传感器输出信号处理的各种接口电路统称为传感器信号检测电路。

（1）检测电路的形式

1）直接用传感器输出的开关信号驱动控制电路和报警电路工作。

2）传感器输出信号达到设置的比较电平时，比较器输出状态发生变化，驱动控制电路及报警电路工作。

3）由数字式电压表将检测结果直接显示出来。

（2）常用电路

1）阻抗匹配器。传感器的输出阻抗都比较高，为防止信号的衰减，常常采用高输入阻抗的阻抗匹配器作为传感器输入到测量系统的前置电路。半导体管阻抗匹配器实际上是一个半导体共集电极电路，又称为射极输出器；场效应晶体管是一种电平驱动器件，栅漏极间电流很小，其输入阻抗可高达 $10^{12}\,\Omega$ 以上，可作为阻抗匹配器；运算放大器也可作为阻抗匹配器。

2）电桥电路。电桥电路是传感器信号检测电路中经常使用的电路，主要用来把传感器的电阻、电容、电感变化转换为电压或电流。电桥电路包括直流电桥和交流电桥。

3）放大电路。传感器的输出信号一般比较微弱，因而在大多数情况下都需要放大电路进行放大。目前检测系统中的放大电路，除特殊情况外，一般都采用运算放大器构成。放大电路包括反相放大器、同相放大器及差动放大器。

4）电荷放大器。压电传感器输出的信号是电荷量的变化，配上适当的电容后，输出电压可高达几十伏到数百伏，但信号功率却很小，信号源的内阻也很大。放大器应采用输入阻抗高、输出阻抗低的电荷放大器。电荷放大器是一种带电容负反馈的高输入阻抗、高放大倍数的运算放大器。

（3）噪声的抑制　在非电量的检测及控制系统中，往往会混入一些干扰的噪声信号，它们会使测量结果产生很大的误差，这些误差将导致控制程序的紊乱，从而造成控制系统中的执行机构产生误动作。在传感器信号处理中，噪声的抑制是非常重要的。

噪声产生的根源：内部噪声是由内部带电微粒的无规则运动产生的。外部噪声是由传感器检测系统外部人为或自然干扰造成的。

噪声的抑制方法包括选用质量好的元器件、屏蔽、接地、隔离、滤波。

5. 传感器与微型计算机的连接

（1）传感器与微型计算机结合的重要性　在现代技术中，传感器与微型计算机的结合，对信息处理自动化及科学技术进步起着非常重要的作用，例如，促进自动化生产水平的提高；有利于新产品的开发；提高企业管理水平；为技术改造开辟新的领域。

（2）检测信号在输入微型计算机前的处理　检测信号在输入微型计算机前的处理要根据不同类型的传感器区别对待。

1）接点开关型传感器，会产生信号抖动现象，消除抖动的方法可以采用硬件处理或软件处理。

2）无接点开关型传感器，具有模拟信号特性，可以在微型计算机的输入电路中设置比较器。

3）模拟输出型传感器，分为电压输出变换型、电流输出变换型及阻抗变换型三种。电压输出变换型和电流输出变换型的传感器，经 A－D 转换器转换成数字信号，或经 V－F 转换器转换成频率变化的信号。阻抗变换型传感器，一般使用 LC 振荡器或 RC 振荡器将传感器输出的阻抗变化转换成频率的变化，再输入给微型计算机。

6. 传感器接口电路应用实例

图 1-3 所示为自动温度控制仪表原理框图。系统主要由以下几部分组成：①传感器；②差分放大器；③V－F 转换器；④CPU 电路；⑤存储器（Memory）；⑥看门狗（Watch Dog）与复位（Reset）电路；⑦显示电路；⑧键盘；⑨控制输出电路；⑩系统支持电源。

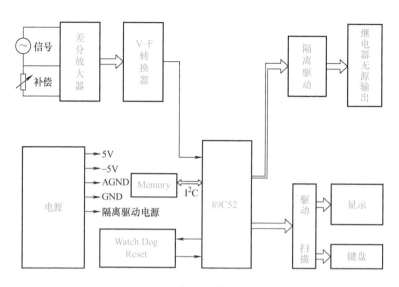

图 1-3　自动温度控制仪表原理框图

传感器
接口电路

1.4.3　任务总结

传感器的接口电路有如下要求：

1）尽可能提高包括传感器和接口电路在内的整体效率。虽然能量是传递信息的载体，传感器在传递信息时必然伴随着能量的转换和传递，但传感器的能量变换效率不是最重要的。实际上，为了不影响或尽可能地少影响被测对象的本来状态，要求从被测对象上获得的能量越小越好。

2）具有一定的信号处理能力。如半导体热敏电阻中的接口电路具有引线补偿的功能；而热电偶的接口电路则应有冷端补偿的功能等。如果从整个测控系统来考虑，则应根据系统的工作要求，选择功能尽可能全的接口电路芯片，甚至可以考虑整个系统就只采用一个芯片。

3）提供传感器所需要的驱动电源（信号）。按传感器的输出信号来划分传感器，可分为电量传感器和电参数传感器。前者的输出信号是电量，如电动势、电荷等，这类电量传感器有压电传感器、光电传感器等，工作时不需外加驱动电源。后者的输出信号是电量参数，如电阻、电容、电感、互感等，这类传感器需外加驱动电源才能工作。一般说来，驱动电源的稳定性直接影响系统的测量准确度，因而这类传感器的接口电路应能提供稳定性尽可能高的驱动电源。

4）要有尽可能完善的抗干扰和抗高压冲击保护机制。在工业和生物医学信号的测量中，干扰是难以避免的，如工频干扰、射频干扰等。而高电压的冲击同样难以避免，这在工业测量中是不言而喻的。在生物医学的测量中，经常存在几千伏甚至更高的静电，在抢救患者时还有施加到人体的除颤电压。因而传感器接口电路应尽可能地完善抗干扰和抗高压冲击的保护机制，避免干扰对测量准确度的影响，保护传感器和接口电路本身的安全。这种保护机制包括输入端的保护、前后级电路的隔离、模拟和数字滤波等。

复习与训练

1-1　简述传感器的概念及作用。

1-2　传感器由哪几个部分组成？各组成部分有什么作用？

1-3　传感器有哪几种分类方法？传感器的选用原则是什么？

1-4　什么是系统误差？它有什么特点？产生的原因是什么？

1-5　有两台测温仪表，其测量范围分别是 0～800℃和 600～1100℃，已知其最大绝对误差均为±6℃，试分别确定它们的准确度等级。

1-6　一台准确度为 0.5 级的电桥，下限刻度为负值，是全量程的 25%，该表允许绝对误差是 1℃，试求该表刻度的上下限。

1-7　比较智能控制与传统控制的特点。

项目2

温度传感器的应用

任务1 热电偶在温度测量中的应用

2.1.1 任务目标

素质目标：培养节能环保意识、社会责任感与职业道德。

通过本任务的学习，掌握热电偶的结构、基本原理、测温方法，依据所选择的热电偶设计测温电路，并完成电路的制作与调试。

设计一热电偶测温电路，要求：测温范围为0～600℃，准确度为±2℃。

2.1.2 任务分析

热电偶应用极其广泛，如在电力冶金、水利工程、石油化工、轻工纺织、科研、工业锅炉、工业过程控制、自动化仪表、温室监测等方面应用非常多。

热电偶传感器是一种将温度变化转换为电动势变化的传感器。在工业生产中，热电偶是应用最广泛的测温元件之一。其主要优点是测温范围广，可以在－180～2800℃的范围内使用，其准确度高、性能稳定、结构简单、动态性能好，能把温度转换为电动势信号，便于处理和远距离传输。热电偶属于自发电型传感器，测量时不需外加电源，可直接驱动动圈式仪表，热容量和热惯性都很小，能用于快速测量。它既可以用于流体温度测量，也可以用于固体温度测量；既可以测量静态温度，也可以测量动态温度。

1. 热电偶的工作原理

热电偶的
工作原理

把两种不同材料的导体或半导体A和B组成一个闭合回路，如图2-1所示。当两种导体处于不同温度T和T_0时，则在两导体间会产生电动势，在回路中会因产生电动势而形成电流。两个节点的温差越大，所产生的电动势越大。组成回路的导体材料不同，所产生的电动势也不一样，这种现象称为热电效应。这样的两种不同导体的组合称为热电偶，热电偶所产生的电动势称为热电动势，组成热电偶的材料A和B称为热电极。

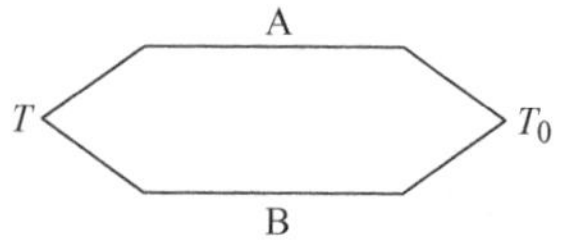

图2-1 热电偶回路

热电偶通常用于高温测量，置于被测温度介质中的一端（温度为T）称为热端或工作端；另一端（温度为T_0）称为冷端或自由端，冷端通过导线与温度指示仪表相连。热电偶的热端一般要插入需要测温的生产设备中，冷端置于生产设备外。如果两端所处温度不同，则测温回路中会产生热电动势。热电动势的大小是由两种材料的接触电动势和单一材料的温差电动势所决定的。

（1）接触电动势 由于不同的金属材料内部的自由电子密度不同，当两种金属材料 A 和 B 接触时，自由电子就要从自由电子密度大的金属材料扩散到自由电子密度小的金属材料中去，从而产生自由电子的扩散现象。如果金属材料 A 的自由电子密度比金属材料 B 大，则会有自由电子从 A 扩散到 B，当扩散达到平衡时，金属材料 A 失去电子带正电荷，而金属材料 B 得到电子带负电荷。这样，A、B 接触处形成一定的电位差，这就是接触电动势（也称为帕尔帖电动势）$E_{AB}(T)$。热电偶接触电动势如图 2-2 所示。

在温度为 T 时，两接点的接触电动势可表示为

$$E_{AB}(T) = \frac{kT}{e}\ln\frac{N_A}{N_B} \tag{2-1}$$

式中，k 为玻耳兹曼常数；e 为电子电荷量；T 为接触处的温度；N_A、N_B 分别为导体 A 和 B 的自由电子密度。

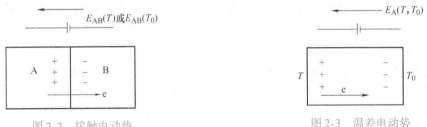

图 2-2 接触电动势　　　　　　　　　　图 2-3 温差电动势

（2）温差电动势 在同一金属材料 A 中，当金属材料两端的温度不同时，两端电子能量就不同。温度高的一端电子能量大，则电子从高温端向低温端扩散的数量多，最后达到平衡。这样在金属材料 A 的两端形成一定的电位差，即温差电动势（也称为汤姆逊电动势）$E_A(T, T_0)$。温差电动势如图 2-3 所示，其大小表示为

$$E_A(T, T_0) = \int_{T_0}^{T} \sigma_A dT \tag{2-2}$$

式中，σ_A 为汤姆逊系数，表示导体 A 两端的温度差为 1℃ 时所产生的温差电动势，例如在 0℃ 时，铜的 $\sigma_A = 2\mu V/℃$。

（3）热电偶回路的总热电动势 由导体材料 A、B 组成的闭合回路，其温度分别为 T、T_0，如果 $T > T_0$，则必存在两个接触电动势和两个温差电动势，由图 2-4 可知，热电偶回路中产生的总热电动势为

$$E_{AB}(T, T_0) = E_{AB}(T) - E_{AB}(T_0) - E_A(T, T_0) + E_B(T, T_0)$$

$$= \frac{kT}{e}\ln\frac{N_{AT}}{N_{BT}} - \frac{kT_0}{e}\ln\frac{N_{AT_0}}{N_{BT_0}} + \int_{T_0}^{T}(-\sigma_A + \sigma_B)dT \tag{2-3}$$

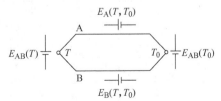

图 2-4 热电偶回路中的总热电动势

通过以上分析可以得出如下结论:

1)热电偶的两个热电极必须是两种不同材料的均质导体,否则当两种相同导体组成热电偶时,虽两连接点温度不同,但两连接点处帕尔帖电动势皆为零,两个汤姆逊电动势大小相等、方向相反,故回路总电动势为零。

2)热电偶两连接点温度必须不等,否则,当两端点温度相同时,帕尔帖电动势大小相等、方向相反,汤姆逊电动势为零,所以热电偶回路总热电动势也为零。

3)热电偶 A、B 产生的热电动势只与两个接点温度有关,而与沿热电极长度上的温度分布无关;与热电偶的材料有关,而与热电偶的尺寸、形状无关。

4)当 T_0 保持不变即 $E(T_0)$ 为常数 C 时,热电动势 $E_{AB}(T, T_0)$ 仅为热电动势热端温度 T 的函数,即 $E_{AB}(T, T_0) = E(T) - C$;两端点的温差越大,回路的总电动势也越大,由此可知,$E_{AB}(T, T_0)$ 与 T 有单值对应关系,这就是热电偶的测温公式。

热电偶两根导体(或称热电极)的选材不仅要求热电动势要大,以提高灵敏度,还要求其具有较好的热稳定性和化学稳定性。国际上,按热电偶的 A、B 热电极材料不同分成若干个分度号,如常用的 K(镍铬-镍硅或镍铝)、E(镍铬-康铜)、T(铜-康铜)等。组成热电偶的两种材料,写在前面的为正极,后面的为负极。

对于不同金属组成的热电偶,温度与热电动势之间有着不同的函数关系。因为多数热电偶的输出都是非线性的,国际计量委员会已对这些热电偶的每一度的热电动势做了非常精密的测试,并向全世界公布了它们的分度表。可以通过测量热电偶输出的热电动势再查分度表得到相应的温度值。每 10℃ 分档,中间值按内插法计算。如分度号为 S 的分度表见表 2-1。

表 2-1 热电偶分度表[①]

测量端温度/℃	0	10	20	30	40	50	60	70	80	90
	热电动势/mV									
0	0.000	0.055	0.113	0.173	0.235	0.299	0.365	0.432	0.502	0.573
100	0.645	0.719	0.795	0.872	0.950	1.029	1.109	1.190	1.273	1.356
200	1.440	1.525	1.611	1.698	1.785	1.873	1.962	2.051	2.141	2.232
300	2.323	2.414	2.506	2.599	2.692	2.786	2.880	2.974	3.069	3.164
400	3.260	3.356	3.452	3.549	3.645	3.743	3.840	3.938	4.036	4.135
500	4.234	4.333	4.432	4.532	4.632	4.732	4.832	4.933	5.034	5.136
600	5.237	5.339	5.442	5.544	5.648	5.751	5.855	5.960	6.064	6.169
700	6.274	6.380	6.486	6.592	6.699	6.805	6.913	7.020	7.128	7.236
800	7.345	7.454	7.563	7.672	7.782	7.892	8.003	8.114	8.225	8.336
900	8.448	8.560	8.673	8.786	8.899	9.012	9.126	9.240	9.355	9.470
1000	9.585	9.700	9.816	9.932	10.048	10.165	10.282	10.400	10.517	10.635
1100	10.754	10.872	10.991	11.110	11.229	11.348	11.467	11.587	11.707	11.827
1200	11.947	12.067	12.188	12.308	12.429	12.550	12.671	12.792	12.913	13.034
1300	13.155	13.276	13.397	13.519	13.640	13.761	13.883	14.004	14.125	14.247
1400	14.368	14.489	14.610	14.731	14.852	14.973	15.094	15.215	15.336	15.456
1500	15.576	15.697	15.817	15.937	16.057	16.176	16.296	16.415	14.534	16.653
1600	16.771	16.890	17.008	17.125	17.245	17.360	17.477	17.594	17.711	17.826

① 分度号为 S,参考端温度为 0℃。

2. 热电偶的基本定律

（1）中间导体定律 一个由几种不同导体材料连接成的闭合回路，只要它们彼此连接的接点温度相同，则此回路各接点产生的热电动势的代数和为零。也就是说，在热电偶回路中接入第三种导体，只要该导体两端温度相同，则热电偶产生的总电动势不变。

根据这个定律，可采取任何方式焊接导线，将热电动势通过导线接至测量仪表进行测量，且不影响测量准确度。同时，利用这个定律，还可以使用开路热电偶测量液态金属和金属壁面的温度。测温回路如图 2-5 所示。

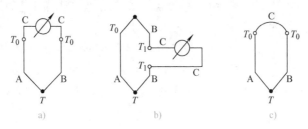

图 2-5 接入中间导体的热电偶测温回路

（2）中间温度定律 热电偶回路两接点（温度为 T、T_0）间的热电动势，等于热电偶在温度为 T、T_1 时的热电动势与在温度为 T_1、T_0 时的热电动势的代数和，T_1 为中间温度。

由于热电偶 $E - T$ 之间通常成非线性关系，当冷端温度不为 0℃ 时，不能利用已知回路实际热电动势 $E(T,T_0)$ 直接查表求取热端温度值，也不能利用已知回路实际热电动势 $E(T,T_0)$ 查表得到温度值后，再加上冷端温度来求得热端被测温度值，必须按中间温度定律进行修正。

中间温度定律为在工业温度测量中使用补偿导线提供了理论基础。只要选配与热电偶热电特性相同的补偿导线，便可使热电偶的参比端延长，使之远离热源到达一个温度相对稳定的地方而不会影响测温的准确性。

【例 2-1】 用镍铬–镍硅热电偶测炉温时，其冷端温度为 30℃，在直流电位计上测得的热电动势 $E_{AB}(T,T_0) = 30.839\text{mV}$，求炉温 T。

解：查镍铬–镍硅热电偶分度表得 $E_{AB}(30℃,0℃) = 1.203\text{mV}$。

$$E_{AB}(T,0℃) = E_{AB}(T,30℃) + E_{AB}(30℃,0℃)$$
$$= 30.839\text{mV} + 1.203\text{mV} = 32.042\text{mV}$$

再查分度表得，$T = 770℃$。

（3）均质导体定律 由同一种均质导体（或半导体）两端焊接组成闭合回路，无论导体截面如何及温度如何分布，将不产生接触电动势，温差电动势相抵消，回路中总电动势为零。可见，热电偶必须由两种不同的均质导体或半导体构成。若热电极材料不均匀，由于温度梯度存在，将会产生附加热电动势，造成无法估计的测量误差。因此，热电极材料的均匀性是衡量热电偶质量的重要技术指标之一。

根据这一定律，可以检验两个热电极材料的成分是否相同（称为同名极检验法），也可以检查热电极材料的均匀性。

（4）标准（参考）电极定律 如果两种导体（A、B）分别与第三种导体 C 组合成热电

偶的热电动势已知，则由这两种导体（A、B）组成的热电偶的热电动势也就已知，这就是标准电极定律或参考电极定律，即

$$E_{AB}(T,T_0) = E_{AC}(T,T_0) - E_{BC}(T,T_0) \qquad (2\text{-}4)$$

根据标准电极定律，可以方便地选取一种或几种热电极作为标准（参考）电极，确定各种材料的热电特性，从而大大简化热电偶的选配工作。一般选取易提纯、物理化学性能稳定、熔点高的铂丝作为标准电极，确定出其他各种电极对铂电极的热电特性，便可知这些电极相互组成热电偶的热电动势大小。

【例2-2】 已知铬合金-铂热电偶的 $E(100℃, 0℃) = 3.13\mathrm{mV}$，铝合金-铂热电偶的 $E(100℃, 0℃) = -1.02\mathrm{mV}$，求铬合金-铝合金组成热电偶材料的热电动势 $E(100℃, 0℃)$。

解： 设铬合金为 A，铝合金为 B，铂为 C，则

$$E_{AC}(100℃, 0℃) = 3.13\mathrm{mV}$$
$$E_{BC}(100℃, 0℃) = -1.02\mathrm{mV}$$

则 $E_{AB}(100℃, 0℃) = E_{AC}(100℃, 0℃) - E_{BC}(100℃, 0℃) = 4.15\mathrm{mV}$

3. 热电偶的材料

理论上讲，任何两种不同材料的导体都可以组成热电偶，但为了准确可靠地测量温度，对组成热电偶的材料必须经过严格的选择。工程上用于热电偶的材料应满足以下条件：热电动势变化尽量大，热电动势与温度的关系尽量接近线性关系；电阻温度系数小，电导率高；热电性质稳定，物理、化学性能稳定；易加工，复制性好，便于成批生产，有良好的互换性。

实际上，没有一种金属材料能满足上述所有要求。一般纯金属热电极易于复制但热电动势小，非金属的热电动势大但熔点高，难复制，故许多热电极选择合金材料。目前在国际上被公认比较好的热电偶的材料只有几种，国际电工委员会（IEC）向世界各国推荐了八种标准化热电偶。所谓标准化热电偶，就是已列入工业标准化文件中，具有统一的分度表的热电偶。我国已采用 IEC 标准生产热电偶，并按标准分度表生产与之相配的显示仪表。

目前工业上常用的有四种标准化热电偶，即铂铑$_{30}$-铂铑$_6$、铂铑$_{10}$-铂、镍铬-镍硅和镍铬-铜镍（我国通常称为镍铬-康铜）热电偶。

另外，还有一些特殊用途的热电偶，以满足特殊测温的需要，如用于测量 3800℃（约 4073K）超高温的钨镍系列热电偶，用于测量 $-271 \sim 0℃$（$2 \sim 273\mathrm{K}$）超低温的镍铬-金铁热电偶。

4. 热电偶的种类与结构

将两热电极的一个端点紧密地焊接在一起就构成热电偶。对端点焊接的要求是，焊点具有金属光泽、表面圆滑，无沾污变质、夹渣和裂纹；焊点的形式通常有对焊、点焊、绞状点焊等；焊点尺寸应尽量小，一般为偶丝直径的 2 倍。焊接方法主要有直流电弧焊、直流氩弧焊、交流电弧焊、乙炔焊、盐浴焊、盐水焊和激光焊接等。热电偶两电极之间的导线通常用耐高温绝缘材料做成，如图 2-6 所示。

热电偶广泛用于工业生产中进行温度的测量、控制，根据其用途及安装位置、方式的不同，热电偶分为多种结构形式，下面介绍几种比较典型的结构形式。

（1）普通型热电偶　普通型热电偶主要用于测量气体、液体、蒸气等物质的温度。由于在基本相似的条件下使用，因此普通型热电偶已制成标准形式，主要有棒形、角形、锥形等，还做成无专门固定装置、有螺纹固定装置及法兰固定装置等多种形式。工业上常用的热电偶一般由热电极、绝缘套管、保护管、接线盒和接线座等几部分组成。其中，热电极、绝缘套管和接线座组成热电偶的感温元件，如图2-7所示，一般制成通用性部件，可以装在不同的保护管和接线盒中。接线座作为热电偶感温元件和热电偶接线盒的连接件，将感温元件固定在接线盒上，其材料一般使用耐火陶瓷。

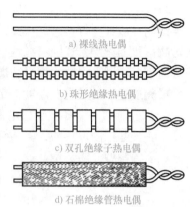

a）裸线热电偶

b）珠形绝缘热电偶

c）双孔绝缘子热电偶

d）石棉绝缘管热电偶

图2-6　热电偶导线的绝缘方法

图2-8所示为热电偶温度传感器的结构。

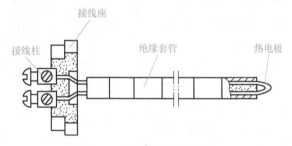

图2-7　热电偶的感温元件

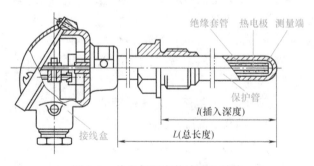

图2-8　热电偶温度传感器的结构

1）热电极：作为测温敏感元件，热电极是热电偶温度传感器的核心部分，其测量端一般采用焊接方式构成。贵金属热电极直径一般为0.35~0.65mm；普通金属热电极直径一般为0.5~3.2mm；热电极的长短由安装条件决定，一般为250~300mm。

2）绝缘套管：用于防止两根热电极短路，通常采用陶瓷、石英等材料。

3）保护管：为延长热电偶的使用寿命，使之免受化学和机械损伤，通常将热电极（含绝缘套管）装入保护管内，起到保护、固定和支撑热电极的作用。作为保护管的材料应有较好的气密性，不应使外部介质渗透到保护管内；有足够的机械强度，抗弯抗压；物理、化学性能稳定，不产生对热电极的腐蚀；可在高温环境下使用，耐高温和抗振性能好。

4）接线盒：用来固定接线座和连接外接导线，保护热电极免受外界环境侵蚀，保证外接导线与接线柱良好接触。接线盒一般由铝合金制成，出线孔和盖子都用垫圈加以密封，以防污物落入而影响接线的可靠性。根据被测介质温度和现场环境条件的要求，接线盒可设计成普通型、防溅型、防水型、防爆型等不同形式，与感温元件、保护管装配成热电偶产品，即形成相应类型的热电偶温度传感器。

（2）铠装热电偶　铠装热电偶又称为缆式热电偶，它是由热电偶丝、绝缘材料和金属套管三者一起拉制成形的。铠装热电偶由于它的热端形状不同，可分为四种形式：碰底型、不碰底型、帽型、露头型。

铠装热电偶的优点是小型化（直径为 0.25 ~ 12mm）、热惯性小、有良好的柔性、便于弯曲、动态响应快（时间常数可达 0.01s），适用于测量狭长对象上各点的温度。同时，它还具有机械性能好、结实牢固、耐振动和耐冲击的特性。测温范围在 1100℃ 以下的有镍铬-镍硅、镍铬-康铜铠装热电偶，其断面结构如图 2-9 所示。

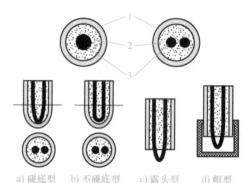

a) 碰底型　　b) 不碰底型　　c) 露头型　　d) 帽型

图 2-9　铠装热电偶断面的结构
1—金属套管　2—绝缘材料　3—热电极

（3）薄膜热电偶　薄膜热电偶是由两种金属薄膜连接而成的一种特殊结构的热电偶，常用真空蒸镀（或真空溅射）等方法，把热电偶材料沉积在绝缘基板上面而制成，如图 2-10 所示。它的测量端既小又薄（微米级），热容量很小，动态响应快，可用于微小面积上测量温度，特别适用于对壁面温度的快速测量。

目前我国试制的薄膜热电偶有铁-镍、铁-康铜和铜-康铜三种，尺寸为 60mm × 6mm × 0.2mm，绝缘基板材料采用云母、陶瓷片、玻璃及酚醛塑料纸等；测温范围在 300℃ 以下；反应时间仅为几毫秒。

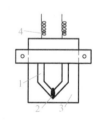

图 2-10　快速反应薄膜热电偶的结构
1—热电极　2—热连接点
3—绝缘基板　4—引出线

（4）表面热电偶　表面热电偶主要用于现场流动的测量，广泛用于纺织、印染、造纸、塑料及橡胶工业。探头有各种形状（弓形、薄片形等），以适用于不同物体表面的温度测量。在其把手上装有动圈式仪表，读数方便。其测量温度范围有 0 ~ 250℃ 和 0 ~ 600℃ 两种。

（5）防爆热电偶　在石油、化工、制药工业中，生产现场有各种易燃、易爆等化学气体，这时需要采用防爆热电偶。它采用防爆型接线盒，有足够的内部空间、壁厚及机械强度，其橡胶密封圈的热稳定性符合国家的防爆标准。因此，即使接线盒内部爆炸性混合气体发生爆炸时，其压力也不会破坏接线盒，其产生的热能不会向外扩散传播，可达到可靠的防爆效果。

除上述几种热电偶以外，还有专门测量钢水和其他熔融金属温度的快速消耗型热电偶，同时测量几个或几十个点温度的多点式热电偶，测量气流温度的热电偶和串、并联用热电偶等。

5. 热电偶的冷端处理方法

由热电偶测量温度的原理可知，为保证热电偶热电动势与被测温度 T 成单值函数关系，则必须使 T_0 端温度保持恒定。热电偶分度表及配套的显示仪表都要求冷端温度恒定为 0℃，否则将产生测量误差。然而在实际应用中，由于热电偶的冷、热端距离通常很近，冷端受热端及环境温度波动的影响，温度很难保持稳定，要保持 0℃ 就更难了。因此必须采取措施，消除冷端温度波动及不为 0℃ 所产生的误差，即需进行冷端处理。

（1）0℃ 恒温法（冰点槽法） 把热电偶的冷端置于冰水混合物的 0℃ 恒温容器中，为了避免冰水导电引起两个连接点短路，必须把连接点分别置于两个玻璃试管里。如图 2-11 所示，在密封的盖子上插入若干支试管，试管的直径应尽量小，并有足够的插入深度。试管底部有少量高度相同的水银或变压器油，若放水银，则可把补偿导线与铜导线直接插入试管中的水银里，形成导电通路，不过在水银上面应加少量蒸馏水并用石蜡封装，以防止水银蒸发和溢出。若改用变压器油代替水银，则

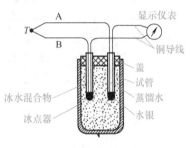

图 2-11 冰点槽示意图

必须使补偿导线与铜导线接触性好。此法适合于实验中的精确测量和检定热电偶时使用，而对于工业生产现场使用则极不方便。

（2）计算修正法 对于冷端温度不等于 0℃，但能保持恒定不变或能用普通室温计测出冷端温度 T_0 的情况，可采用计算修正法。热电偶实际测温时，工作于温度 T、T_0 之间，实际测得的热电动势是 $E_{AB}(T, T_0)$。为了便于利用标准分度表由热电动势查相应热端温度值，必须知道其热电偶相对于 0℃ 时的热电动势 $E_{AB}(T,0)$，为此，利用中间温度定律：

$$E_{AB}(T,0) = E_{AB}(T,T_0) + E_{AB}(T_0,0) \tag{2-5}$$

由此可见，只要加上热电偶工作于 T_0 和 0℃ 之间的热电动势值 $E_{AB}(T_0,0)$，便可将实测热电动势 $E_{AB}(T,T_0)$ 修正到相对于 0℃ 的热电动势 $E_{AB}(T,0)$。

（3）机械零位调整法 当热电偶与动圈式仪表（动圈式仪表是专门与热电偶配套使用的显示仪表，它的刻度是依分度表而定的）配套使用时，若热电偶冷端不为 0℃，但基本恒定，这样在测量准确度要求不高的场合下，可将动圈式仪表的机械零位调至热电偶冷端所处的温度 T_0 处。由于外接电动势为 0，调整机械零位相当于预先给仪表输入一个电动势 $E(T_0,0)$。当接入热电偶后，热电偶热电动势 $E(T,T_0)$ 与仪表预置电动势 $E(T_0,0)$ 叠加，使回路总电动势正好为 $E(T,0)$，仪表直接指示出热端温度 T。

在机械零位调整时，应先将仪表的电源和输入信号切断，然后用螺钉旋具调整仪表面板上的螺钉，使指针指到 T_0 的刻度。使用机械零位调整法简单方便，但冷端温度发生变化时，应及时断电，重新调整仪表机械零位，使之指示到新的冷端温度上。

（4）补正系数法 把冷端实际温度 T_H 乘上系数 k，加到由 $E_{AB}(T,T_H)$ 查分度表所得的温度上，成为被测温度 T。用公式表达即为

$$T = T' + kT_H \tag{2-6}$$

式中，T 为未知的被测温度；T' 为冷端在室温下热电偶电动势与分度表上对应的某个温度；T_H 为室温；k 为补正系数。其参数见表 2-2。

表2-2 热电偶补正系数

温度/℃	补正系数 k	
	铂铑₁₀–铂（S）	镍铬–镍硅（K）
100	0.82	1.00
200	0.72	1.00
300	0.69	0.98
400	0.66	0.98
500	0.63	1.00
600	0.62	0.96
700	0.60	1.00
800	0.59	1.00
900	0.56	1.00
1000	0.55	1.07
1100	0.53	1.11
1200	0.53	—
1300	0.52	—
1400	0.52	—
1500	0.53	—
1600	0.53	—

【例2-3】 用铂铑₁₀–铂热电偶测温，已知冷端温度 $T_H = 35℃$，这时热电动势为 11.348mV。

解： 查S型热电偶的分度表，得出与此相对应的温度 $T' = 1150℃$。再从表2-2中查出对应于1150℃的补正系数 $k = 0.53$。于是，被测温度为

$$T = 1150℃ + 0.53 \times 35℃ = 1168.55℃$$

用这种办法计算会稍简单，同时比采用计算修正法的误差可能大一些，但误差不大于0.14%。

（5）电桥补偿法 电桥补偿法是用电桥在温度变化时的不平衡电压来补偿因冷端温度变化而引起的热电动势变化值，可以自动地将冷端温度校正到补偿电桥的平衡点温度上。

补偿电桥如图2-12所示，桥臂电阻 R_1、R_2、R_3 和限流电阻 RP 用锰铜电阻，其电阻值几乎不随温度变化，R_{Cu} 为铜电阻，其电阻温度系数较大，电阻值随温度升高而增大。使用中应使 R_{Cu} 与热电偶的冷端靠近，使其处于同一温度之下。电桥由直流稳压电源供电。

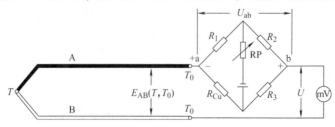

图2-12 补偿电桥

设计时使 R_{Cu} 在 0℃ 下的阻值与其余三个桥臂 R_1、R_2、R_3 完全相等（通常为 1Ω），这时电桥处于平衡状态，电桥输出电压 $U_{\text{ab}} = 0$，对热电动势没有影响。此时温度 0℃ 称为电桥平衡温度。

当热电偶冷端温度随环境温度变化时，若 $T_0 > 0$，热电动势将减小 ΔE。但这时 R_{Cu} 增大，使电桥不平衡，出现 $U_{\text{ab}} > 0$，而且其极性是 a 点为负，b 点为正，这时的 U_{ab} 与热电动势 $E_{\text{AB}}(T, T_0)$ 同向串联，使输出值得到补偿。如果限流电阻 RP 选择合适，可使在一定温度范围内增大的值恰恰等于热电动势所减小的值，即 $U_{\text{ab}} = \Delta E$，就完全避免了 $T_0 \neq 0$ 的变化对测量的影响。

电桥一般用 4V 直流供电，它可以在 0～40℃ 或 −20～20℃ 的范围内起补偿作用。只要 T_0 的波动不超出此范围，电桥不平衡输出信号就可以自动补偿冷端温度波动所引起的热电动势的变化，从而可以直接利用输出电压 U 查热电偶分度表，以确定被测温度的实际值。

需要注意的是，对于不同材质的热电偶所配的冷端补偿电桥，其限流电阻 RP 不一样，互换时必须重新调整。此外，大部分补偿电桥的平衡温度不是 0℃，而是室温 20℃。

冷端补偿电桥可以单独制成补偿器通过外线连接热电偶和后续仪表，更多的是作为后续仪表的输入回路，与热电偶连接。

（6）补偿导线法　由于热电偶的长度有限，在实际测温时，热电偶的冷端一般离热源较近，冷端温度波动较大，需要把冷端延伸到温度变化较小的地方；另外，热电偶输出的电动势信号也需要传输到远离现场数十米远的控制室里的显示仪表或控制仪表上。

工程中通常使用补偿导线，它通常由两种不同性质的导线制成，在一定温度范围内（0～100℃），要求补偿导线和所配热电偶具有相同或相近的热电特性；两根补偿导线与热电偶的两个热电极也必须具有相同的温度；使用时补偿导线正负极与热电偶正负极对应连接，切忌接错极性，必须注意电极的色标；补偿导线所处环境温度不应超过 100℃，否则将造成测量误差。必须指出，使用补偿导线仅能延长热电偶的冷端，对测量电路不起任何温度补偿作用。

补偿导线分为延伸型（X）补偿导线和补偿型（C）补偿导线。延伸型补偿导线选用的金属材料与热电极材料相同；补偿型补偿导线所选用的金属材料与热电极材料不同。

除上述各项补偿方法外，还有很多其他方法，如 PN 结冷端温度补偿法、软件处理法等，可参阅相关资料，也可自行设计一些冷端补偿电路。

6. 热电偶测温电路

（1）单点温度的测量电路　测量某点温度的基本电路如图 2-13 所示，在实际使用时把补偿导线一直延伸到配用仪表的接线端子上，这时，冷端温度即为仪表接线端子所处的环境温度。

图 2-13 是热电偶与仪表配用测量某点温度的基本电路。利用图 2-13a 进行测量时，只要 C 的两端温度相等，则对测量准确度无影响。图 2-13b 是冷端在仪表外面的电路。其中 A、B 是热电偶，A′、B′ 是补偿导线，C 是接线柱，D 是铜导线。注意热电偶、导线（铜线、补偿导线）的电阻和仪表的内阻，它们在温度一定时有固定值，故电路测得的电流与温度有一一对应的关系。热电偶在测温时，也可以与温度补偿器连接，转换成标准电流输出信号。

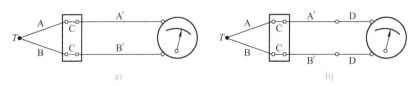

图 2-13　热电偶与仪表配用测量某点温度的基本电路

（2）两点间温差的测量电路　测量两点之间温差的测温电路如图 2-14 所示。用两只同型号的热电偶，配用相同的补偿导线，采用反向连接方法使各自产生的热电动势相互抵消，这时仪表即可测得两点温度之差。

（3）平均温度测量电路　测量平均温度的方法通常是将几只同型号的热电偶并联在一起，如图 2-15 所示。要求 3 只热电偶都工作在线性段。测量仪表中指示出的为 3 只热电偶输出电动势的平均值。在每只热电偶电路

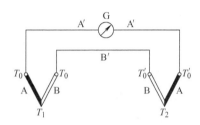

图 2-14　测量两点之间温差的电路

中，分别串接均衡电阻 R，其作用是为了在 T_1、T_2、T_3 不相等时，使每一只热电偶中流过的电流免受热电偶内阻不相等的影响，因此与每一只热电偶的内阻相比，R 的值必须很大。

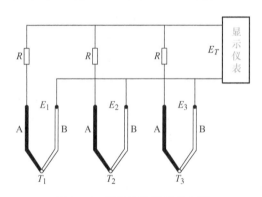

图 2-15　测量平均温度的电路

使用热电偶并联的方法测量多点的平均温度，好处是仪表的分度仍然和单独配用一只热电偶时一样，缺点是当有一只热电偶烧断时，不能很快地觉察出来。

（4）若干点温度之和的测量电路　将若干个同类型热电偶串联，可以测量这些点的温度和，也可以测量平均温度，如图 2-16 所示。此电路获得的热电动势较大，仪表的灵敏度大大增加，且避免了热电偶并联电路存在的缺点，若出现断路可立即发现。只要有一只热电偶断路，整个测温系统就会停止工作，总的热电动势消失。同时，由于回路内总电动势为各热电偶热电动势之和，故可以测量微小的温度变化。

在辐射高温计中的热电堆就是根据这个原理由几个同类型的热电偶串联而成的。如果要测量平均温度，则

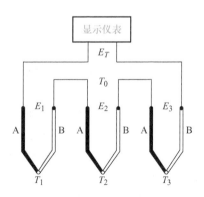

图 2-16　测量温度之和的电路

$$E_{平均} = \frac{E_{总}}{3} \qquad (2\text{-}7)$$

此外,应用此电路时,每个热电偶引出的补偿导线还必须回到仪表的冷端处理。注意:使用上述电路测量时,必须尽量避免测量点接地。

(5) 若干只热电偶共用一台仪表的测量电路 在多点温度测量时,为了节省显示仪表,将若干只热电偶通过切换开关共用一台测量仪表。条件是各只热电偶的型号相同,测量范围均在显示仪表的量程内。

在测量现场,如果大量测量点不需要连续测量,而只需要定时检测时,就可以把若干只热电偶通过手动或自动切换开关接至一台测量仪表上,以轮流或按要求显示各测量点的被测数值。切换开关的触点有十几对到数百对,这样可以大量节省显示仪表的数目,也可以减小仪表箱的尺寸,达到多点温度自动检测的目的。常用的切换开关有密封微型精密继电器和电子模拟式开关两类。

前面介绍了几种常用的热电偶测量温度、温度差、温度和或平均温度的电路。与热电偶配用的测量仪表可以是模拟仪表和数字电压表。若要组成微机控制的自动测温或控温系统,可直接将数字电压表的测温数据利用接口电路和测控软件连接到微机中,对检测温度进行计算和控制。这种系统在工业检测和控制中应用得十分普遍。

热电偶测温电路硬件结构框图如图 2-17 所示,系统的基本工作过程是热电偶将所测温度转换成电压信号,经信号处理电路处理后,在 MCU 的控制下由 A-D 转换电路转换成数字量送 CPU 进行存储显示。整个系统的重点在于热电偶测温电路和信号处理部分,其他部分只是为了提高系统的自动化水平及人机交互界面的交互性而设置的,所以这里主要讨论热电偶测温及信号处理电路。

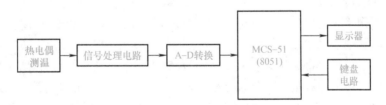

图 2-17 热电偶测温电路硬件结构框图

2.1.3 任务实施

1. 电路原理

本设计采用 K 型热电偶作为传感器,测量范围为 0 ~ 1200℃,准确度为 ±2℃。温度在 0 ~ 600℃时,其最大非线性误差为 1%,线性度较好,并且在高温下抗氧化能力强,价格便宜,故在工业中得到广泛应用。

热电偶测温电路产生的电压很小,其值为每摄氏度几十微伏,因此,要采用低失调运算放大器进行电压放大。同时,热电偶又存在非线性的特点,因此,使用热电偶时,都要进行线性化处理。所以选用的热电偶测量电路必须具有测量放大、温度补偿和非线性校正等多种功能。

图 2-18 所示是 K 型热电偶的测温电路。电路中,二端集成温度传感器 AD592、78L05、

R_R、RP_2 组成基准接点（冷端）补偿电路；R_{11} 及 C_1 组成输入滤波电路；A_1 构成放大电路；AD538 及 R_4、R_7、R_6、R_8 构成线性校正电路。R_3、R_5 用来获得 -7.76mV 的偏置电压。

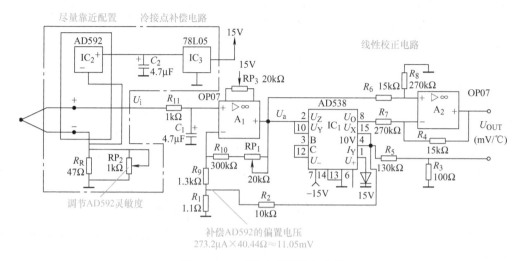

图 2-18 K 型热电偶测温电路图

AD592 的灵敏度为 $1\mu\text{A}/\text{℃}$，对温度系数为 $40.44\mu\text{V}/\text{℃}$ 的 K 型热电偶基准接点进行补偿时，通过基准电阻 R_R 把 AD592 的输出电流转换成电压。用 RP_2 调节 R_R 上的压降，使其 $1\mu\text{A}/\text{℃}$ 电流变为 $40.44\mu\text{V}/\text{℃}$ 电压，即 $R_R//RP_2 = 40.44\Omega$。而 AD592 在 0℃ 时输出电流为 $273.2\mu\text{A}$，因此环境温度为 $T(\text{℃})$ 时，热电偶的输出电压 U_i 为

$$U_i = (273.2\mu\text{A} + 1\mu\text{A}/\text{℃} \times T) \times 40.44\Omega = 273.2\mu\text{A} \times 40.44\Omega + 1\mu\text{A}/\text{℃} \times T \times 40.44\Omega \approx$$
$$11.05\text{mV} + 40.44\mu\text{V}/\text{℃} \times T$$

其中第二项作为热电偶冷端补偿电压，而第一项为误差电压（或 0℃ 基准电压），此项可在后面放大电路中通过 R_1、R_2 对 AD538 的 15 脚 U_X 输出 10V 电压分压来消除。

C_1 是滤波电容，采用准确度为 20%、耐压为 50V 的电解电容，它与 R_{11} 组成输入滤波电路。因为热电偶的热电动势很小，如果电容漏电较大，就会产生偏移电压。因此，有必要选用漏电极小的电容。例如，C_1 的漏电流若为 $0.1\mu\text{A}$，电阻 R_{11} 为 $1\text{k}\Omega$，就会产生 $0.1\mu\text{A} \times 1\text{k}\Omega = 100\mu\text{V}$ 的偏移电压。

电路中，运算放大器选用 ADOP07 型，A_1 与周围电阻构成放大电路；$R_1 \sim R_{11}$ 均是 1/4W 的金属膜电阻，准确度为 20%；RP_1 和 RP_3 是 10 圈线绕电位器。

由 K 型热电偶分度表可知，K 型热电偶在 0℃ 时产生的热电动势为 0mV，在 600℃ 时产生的热电动势为 24.902mV。如果用 RP_1 设置运算放大器的增益为 240.94，则 0℃ 时运算放大器的输出电压为 0V，600℃ 时运算放大器的输出电压约为 6.0V。实际运算放大器的放大倍数取 249.952，使得 $U_a = 249.952 U_i$，对应 600℃ 时电压 6.224V，仍有一定的误差，需要进一步修正。

由 AD538 构成的线性校正电路，由 R_4、$R_6 \sim R_8$ 确定一次系数和二次系数的增益。AD538 有三个输入 U_X、U_Y、U_Z，且满足函数关系式：$U_O = U_Y (U_Z/U_X)^m$。4 脚输出 10V 基准电压，按图 2-18 连接时，函数关系式中的 $m = 1$，$U_Y = U_Z = U_a$，$U_X = 10\text{V}$。因此，AD538 的 $U_O = U_a^2/10000\text{mV}$。

经过修正可得：$U_{OUT} = -7.76\text{mV} + U_a - 0.0556U_a^2$ （mV）

式中，二次系数是 $R_4/R_7 = 0.0556$，取 $R_4 = 15\text{k}\Omega$，$R_7 = 270\text{k}\Omega$；一次系数为 $[(1 + R_4/R_7)\ R_8]/(R_6 + R_8) = 1$，取 $R_6 = 15\text{k}\Omega$，$R_8 = 270\text{k}\Omega$；$U_{R3} = 7.7\text{mV}$，选 $R_3 = 100\Omega$，$R_5 = 130\text{k}\Omega$。在没有线性校正电路时，有近 1% 的非线性误差，而有校正电路后则只有 0.1% ~ 0.2% 的非线性误差。

2. 热电偶的选型、安装和校验

热电偶主要用于工业生产中，用作集中显示、记录和控制过程中的温度检测。应该根据被测介质的温度、压力、介质性质、测温时间长短来选择热电偶和保护管。在工业生产中，热电偶常与毫伏表联合使用或与电子电位差计联合使用，后者准确度较高，且能自动记录。另外也可通过温度变送器放大后再接指示仪表，或作为控制用的信号。

选择热电偶时需考虑下列因素：

1）被测温度范围。

2）所需响应时间。

3）连接点类型。

4）热电偶或护套材料的抗化学腐蚀能力。

5）抗磨损或抗振动能力。

6）安装及限制要求等。

常用热电偶可分为标准热电偶和非标准热电偶两大类。所谓标准热电偶是指国家标准规定了其热电动势与温度的关系、允许误差有统一的标准分度表的热电偶，它有与其配套的显示仪表可供选用。非标准化热电偶在使用范围或数量级上均不及标准化热电偶，一般也没有统一的分度表，主要用于某些特殊场合的测量。在我国从 1988 年 1 月 1 日起，热电偶和热电阻全部按 IEC 国际标准生产，并指定 S、B、E、K、R、J、T 七种标准化热电偶为我国统一设计型热电偶。标准化热电偶的主要性能和特点见表 2-3。

表 2-3 标准化热电偶的主要性能和特点

热电偶名称	正热电极	负热电极	分度号	测温范围/℃	特点
铂铑$_{30}$-铂铑$_6$	铂铑$_{30}$	铂铑$_6$	B	0 ~ 1700（超高温）	适用于氧化性气氛中测温，测温上限高，稳定性好。在冶金、钢水等高温领域得到广泛应用
铂铑$_{10}$-铂	铂铑$_{10}$	纯铂	S	0 ~ 1600（超高温）	适用于氧化性、惰性气氛中测温，热电性能稳定，抗氧化性强，精度高，但价格贵，热电动势较小。常用作标准热电偶或高温测量
镍铬-镍硅	镍铬合金	镍硅	K	-200 ~ 1200（高温）	适用于氧化和中性气氛中测温，测温范围很宽，热电动势与温度关系近似线性，热电动势大，价格低。稳定性不如 B、S 型热电偶，但是非贵金属热电偶中性能最稳定的一种

(续)

热电偶名称	正热电极	负热电极	分度号	测温范围/℃	特点
镍铬–康铜	镍铬合金	铜镍合金	E	−200 ~ 900（中温）	适用于还原性或惰性气氛中测温，热电动势较其他热电偶大，稳定性好，灵敏度高，价格低
铁–康铜	铁	铜镍合金	J	−200 ~ 750（中温）	适用于还原性气氛中测温，价格低，热电动势较大，仅次于 E 型热电偶。缺点是铁极易氧化
铜–康铜	铜	铜镍合金	T	−200 ~ 350（低温）	适用于还原性气氛中测温，精度高，价格低。在 −200 ~ 0℃ 范围内可制成标准热电偶。缺点是铜极易氧化
铂铑$_{13}$–铂	铂铑合金	纯铂	R	0 ~ 1600	适用于氧化性和惰性气氛中测温，准确度高，稳定性好，测温温区宽，使用寿命长。缺点是热电动势小，灵敏度低，高温下机械强度下降

在现场安装热电偶时要注意以下问题。

（1）插入深度要求　安装时热电偶的测量端应有足够的插入深度，在管道上安装时应使保护管的测量端超过管道中心线 5 ~ 10mm。

（2）保温要求　为了防止传导散热产生测温附加误差，保护管露在设备外部的长度应尽量短，并加装保温层。

（3）变形要求　为了防止高温下保护管变形，应尽量垂直安装。在有流速的管道中必须倾斜安装，有条件的情况下应尽量在管道的弯管处安装，并且安装的测量端要迎向流速方向。若需水平安装时，则应采用支架支撑。

热电偶使用一段时间之后，应该进行校验，以保证热电偶的准确性。校验的方法是将标准热电偶与被校验热电偶装在同一校验炉中进行对比，误差超过规定允许值的为不合格，其中最佳校验方法可查阅相关标准。

2.1.4　任务总结

通过本任务的学习，应掌握如下知识重点：①热电偶的组成、结构等基本特性；②热电偶测温的工作原理；③热电偶的冷端处理方法。

通过本任务的学习，应掌握如下实践技能：①能正确分析、制作与调试热电偶测温应用电路；②掌握热电偶测温的工作原理、选型方法。

任务 2　热电阻在温度测量中的应用

2.2.1　任务目标

素质目标：培养敬业奉献精神以及勇于探索、锐意创新的精神。

通过本任务的学习，掌握热电阻传感器的结构、基本原理，依据所选择的热电阻传感器设计接口电路，并完成电路的制作与调试。

设计一热电阻数字温度计，测温范围为 0 ~ 200℃，准确度为 0.2℃，温度采用 LCD 显示。

2.2.2 任务分析

利用导体或半导体的电阻率随温度变化的特性制成的传感器是热电阻传感器，它主要用于对温度和与温度有关的参量进行检测，测温范围主要在中低温区域 （-200 ~ 650℃）。

热电阻温度传感器一般称为热电阻传感器，它是利用金属导体随温度升高而阻值增大的原理进行测温的。它是中低温区 （-200 ~ 500℃） 范围内最常用的一种温度检测器。金属热电阻的主要特点是测量准确度高，性能稳定。其中铂热电阻的测量准确度最高，它不仅广泛应用于工业测温，而且被制成标准的基准仪。

1. 工作原理

物质的电阻率随温度变化的物理现象称为热阻效应。温度是分子平均动能的标志，当温度升高时，金属晶格的动能增加，从而导致振动加剧，使自由电子通过金属内部时阻碍增加，金属导电能力下降，即电阻增大。通过测量导体的电阻变化情况就可以得到温度变化情况。

大多数金属导体的电阻具有随温度变化的特性，其特性方程为

$$R_T = R_0 [1 + a (T - T_0)] \tag{2-8}$$

式中，R_T 为任意绝对温度 T 时金属的电阻值；R_0 为基准状态 T_0 时的电阻值；a 为热电阻的温度系数 （1/℃）。

由式(2-8) 可见，只要 a 保持不变 （常数），则金属电阻 R_T 将随温度线性地增加，其灵敏度 S 为

$$S = \frac{1}{R_0} \times \frac{dR_T}{dT} = \frac{1}{R_0} R_0 a = a \tag{2-9}$$

由式（2-9） 可见，a 越大，S 就越大。纯金属的热电阻温度系数 a 为 （0.3 ~ 0.6)%/℃。但是，对于绝大多数金属导体，a 并不是一个常数，而是有关温度的函数，它也随温度的变化而变化，但在一定的温度范围内，可将其近似地看成一个常数。不同的金属导体，a 保持常数所对应的温度范围也不同，而且这个范围均小于该导体能够工作的温度范围。

一般选作感温电阻的材料必须满足如下要求：

1） 电阻温度系数要大，这样在同样条件下可加快热响应速度，提高灵敏度。通常纯金属的温度系数比合金大，一般均采用纯金属材料。

2） 在测温范围内，化学、物理性能稳定，以保证热电阻的测温准确性。

3） 具有良好的输出特性，即在测温范围内电阻与温度之间必须有线性或接近线性的关系。

4） 具有比较高的电阻率，以减小热电阻的体积，减小热惯性。

5） 具有良好的可加工性，且价格便宜。

比较适合的材料有铂、铜、铁和镍等。它们的阻值随温度的升高而增大，具有正温度系数。

2. 常用热电阻及结构

工业用普通热电阻温度传感器由
电阻体、绝缘套管、保护管、接线盒
和连接电阻体与接线盒的引出线等部
件组成，如图 2-19 所示。绝缘套管、
保护管、接线盒与热电偶温度传感器
基本相同，绝缘套管一般使用双芯或
四芯氧化铝绝缘材料，引出线穿过绝

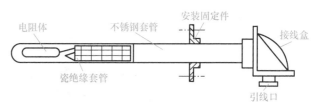

图 2-19　热电阻温度传感器结构图

缘套管。电阻体和引出线均装在保护管内。保护管主要有玻璃、陶瓷和金属等类型，主要用
于防止有害气体腐蚀，防止氧化（尤其是铜热电阻），防止水分侵入造成漏电影响阻值。热
电阻也可以是一层薄膜，采用电镀或溅射的方法涂敷在陶瓷类材料基底上，占用体积很小。

（1）铂热电阻　铂金属易于提纯，铂热电阻在氧化性介质中，甚至在高温下其物理、
化学性质都非常稳定，复制性好，有良好的工艺性，电阻率较高，线性度好，所以在温度传
感器中得到了广泛应用。铂热电阻的应用范围为 $-200 \sim 650℃$。

在 $0 \sim 650℃$ 范围内，金属铂的电阻值与温度变化之间的关系可以近似用下式表示：

$$R_T = R_0 \left[1 + AT + BT^2 + CT^3 \right] \tag{2-10}$$

在 $-200 \sim 0℃$ 范围内，金属铂的电阻值与温度的关系为

$$R_T = R_0 \left[1 + AT + BT^2 + C \left(T - 100 \right)^3 \right] \tag{2-11}$$

式中，R_T、R_0 为铂热电阻在温度 T、$0℃$ 时的电阻值；A、B、C 为温度系数，对于纯度为
1.391 的铂丝，$A = 3.96847 \times 10^{-3}/℃$，$B = -5.847 \times 10^{-7}/℃^2$，$C = -4.22 \times 10^{-12}/℃^3$。

要确定电阻 R_T 与温度 T 的关系，首先要确定 R_0 的数值。R_0 不同时，R_T 与 T 的关系不
同。在工业上将对应于 $R_0 = 50\Omega$ 和 $R_0 = 100\Omega$（即分度号 Pt50、Pt100）的 $R_T - T$ 关系制成
分度表，称为热电阻分度表，供使用者查阅。这样在实际测量中，只要测得热电阻的阻值
R_T，便可从分度表上查出对应的温度值。

铂热电阻中的铂丝纯度用电阻比 $W(100)$ 表示，即

$$W(100) = \frac{R_{100}}{R_0} \tag{2-12}$$

式中，R_{100} 为铂热电阻在 $100℃$ 时的电阻值；R_0 为铂热电阻在 $0℃$ 时的电阻值。

电阻比 $W(100)$ 越大，其纯度越高。按 IEC 标准，工业使用的铂热电阻的 $W(100) \geqslant$
1.3850。目前的技术水平可达到 $W(100) = 1.3930$，其对应铂的纯度为 99.99%。工业用铂
热电阻的纯度 $W(100)$ 为 $1.387 \sim 1.390$。

铂热电阻除用作一般工业测温外，主要作为标准电阻温度计，广泛应用于温度的基准、
标准的传递。它长时间稳定的复现性好，是目前测温复现性最好的一种温度计。在国际实用
温标中，将铂热电阻作为 $-259.34 \sim 630.74℃$ 温度范围内的温度基准。

铂热电阻体的结构如图 2-20 所示，其中图 2-20a 采用云母片做骨架，把云母片两边做
成锯齿状，将铂丝绕在云母骨架上，然后用两片无锯齿云母夹住，再用银绑带扎紧。铂丝采
用双线法绕制，以消除电感。图 2-20b 采用石英玻璃做骨架，具有良好的绝缘和耐高温特
性，把铂丝双绕在直径为 3mm 的石英玻璃上，为使铂丝绝缘和不受化学腐蚀、机械损伤，

在石英管外再套一个外径为 5mm 的石英管。铂丝的引线采用银线，引线用双孔瓷绝缘套管绝缘。

铂热电阻的缺点是：电阻温度系数较小，成本较高，在还原性介质中易变脆。

（2）铜热电阻 铜热电阻也是一种常用的热电阻。由于铂热电阻价格高，因此普遍采用铜热电阻。铜热电阻化学、物理性能稳定，灵敏度比铂热电阻高，价格便宜，易于提纯、加工，复制性较好，输出-输入特性接近线性，电阻温度系数比铂高。铜热电阻最主要的缺点是电阻率较小，测温范围较窄，体积较大，热惯性大，铜热电阻的电阻丝细而且长，机械强度较低，在温度稍高时易于氧化，不适宜在腐蚀性介质或高温下工作，一般只用于 150℃ 以下无水分和无侵蚀性的低温环境中。

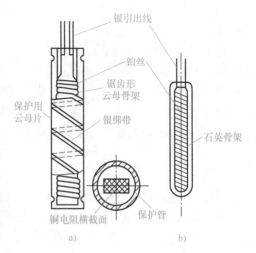

图 2-20 铂热电阻体的结构

铜热电阻的阻值与温度间的关系为

$$R_T = R_0(1 + AT + BT^2 + CT^3) \tag{2-13}$$

式中，R_T、R_0 分别为温度为 T（℃）和 0℃时的阻值；A、B、C 为常数，分别为 $4.28899 \times 10^{-3}/℃$、$-2.133 \times 10^{-7}/℃^2$、$1.233 \times 10^{-9}/℃^3$。

但在 $-50 \sim 150℃$ 范围内为线性变化，可用二项式表示为

$$R_T = R_0(1 + aT) \tag{2-14}$$

式中，a 为电阻温度系数，一般 $a = (4.25 \times 10^{-3} \sim 4.28 \times 10^{-3})/℃$。

我国生产的铜热电阻的代号为 WZC，按其初始电阻 R_0 的不同，有 50Ω 和 100Ω 两种，分度号为 Cu50 和 Cu100。

铜热电阻体的结构如图 2-21 所示。它采用直径约 0.1mm 的绝缘铜线，用双线绕法分层绕在圆柱形塑料支架上，用直径 1mm 的铜丝或镀银铜丝做引出线。

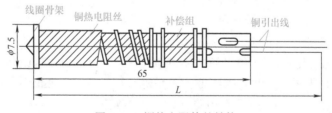

图 2-21 铜热电阻体的结构

（3）其他热电阻 由于铂、铜热电阻不适宜进行超低温测量，因此近年来一些新颖的热电阻相继被采用。

1）铟电阻。铟电阻用 99.999% 高纯度的铟丝绕成电阻，适宜在 $4.2 \sim 15K$ 温度范围内使用，测量准确度高。实验证明，在该温度范围内，铟电阻的灵敏度比铂电阻高 10 倍。铟电阻的缺点是材料软，复制性差。

2）锰电阻。锰电阻适宜在 $-271 \sim -210℃$ 温度范围内使用。其优点是在该温度范围内

电阻随温度变化大，灵敏度高，价格低廉，操作简便；缺点是热稳定性较差，材料脆性高，易损坏。

3）碳电阻。碳电阻适宜在 $-273 \sim -268.5℃$ 温度范围内使用。其优点是热容量小，灵敏度高，对磁场不敏感，价格低廉，操作简便；缺点是碳电阻的热稳定性较差。

另外，铁和镍两种金属也有较高的电阻率和电阻温度系数，也可制作成体积小、灵敏度高的热电阻温度计。其缺点是易氧化，不易提纯，且电阻值与温度的关系是非线性的，仅用于测量 $-50 \sim 100℃$ 范围内的温度，目前应用渐少。

3. 热电阻测量电路

热电阻传感器的测量电路一般采用准确度较高的电桥电路。由于工业用热电阻安装在生产现场，离控制室较远，因此热电阻的引出线对测量结果有较大影响。为了减小或消除引出线电阻随环境温度变化而造成的测量误差，常采用三线和四线连接法。

图 2-22 所示是三线连接法原理图。G 为检流计，R_1、R_2、R_3 为固定电阻，R_a 为零位调节电阻。热电阻 R_T 通过电阻为 r_1、r_2、r_3 的三根导线和电桥连接，r_1 和 r_2 分别接在相邻的两臂内，当温度变化时，只要它们的长度和电阻温度系数 a 相同，它们的电阻变化就不会影响电桥的状态。电桥在零位调整时，使 $R_4 = R_a + R_{T0}$，R_{T0} 为热电阻在参考温度（如 0℃）时的电阻值。r_3 不在桥臂上，对电桥平衡状态无影响。三线接法中可调电阻 R_a 的接触电阻和电桥臂的电阻相连，可能会导致电桥的零点不稳定。

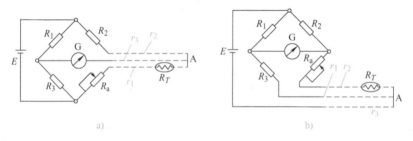

图 2-22　热电阻测温电桥的三线连接法

图 2-23 所示为四线连接法。调零电位器 R_a 的接触电阻和检流计串联，这样，接触电阻的不稳定就不会破坏电桥的平衡和正常工作状态。

热电阻传感器性能稳定，测量范围宽，准确度也高，特别是在低温测量中得到了广泛的应用。缺点是需要辅助电源，热容量大，限制了其在动态测量中的应用。为避免热电阻中流过电流的加热效应，在设计电桥时，应尽量使

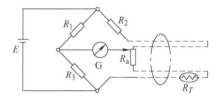

图 2-23　热电阻测温电桥的四线连接法

流过热电阻的电流降低，减小温度的升高，避免影响测量准确度，一般电流应小于 10mA。

根据要求，本任务采用铂热电阻、A-D 转换器及 LCD 显示器构成数字温度计。温度传感器采用 TRRA102B，其标准阻值为 $1k\Omega$（0℃）。采用三位半 A-D 转换器 MAX138，既可完成 A-D 转换，又可直接驱动 LCD 显示器。

系统的基本工作过程是：铂热电阻将温度转换成电压信号，线性化处理后经由电桥电路送至 A-D 转换器，再由 LCD 显示出来。

2.2.3 任务实施

1. A - D 转换器 MAX138

MAX138 具有如下功能：

1）片内设有负电源转换器，因此可以单电源供电。

2）工作电源电压范围宽（2.5 ~ 7V）。

3）片内设有振荡电路。

MAX138 的引脚配置如图 2-24 所示，为 40 脚 DIP 塑料封装。2 ~ 19 脚、22 ~ 25 脚为三位半 LCD 驱动引脚，20 脚为负号显示引脚；V_+、V_- 为正、负电源端，V_- 一般接地；INH1、INL0 为差动输入端；REFH1、REFL0 为参考电压输入端；C_{REF+}、C_{REF-} 为参考电容接入引脚，减小高温增益误差；CAP_+、CAP_- 为电荷泵电容引脚；INT、A/Z、BUFF 分别为积分电容、自动调零、积分电阻接入引脚；TEST 为内部电压检测引脚，内部电压通过一个 500Ω 的电阻耦合到 TEST 引脚，当输入电压超限时，该引脚为高电平。BP 脚输出占空比为 50% 的 LCD 驱动波。

图 2-24 MAX138 引脚配置图

MAX138 转换的结果为 1000 × (INH1 - INL0)/(REFH1 - REFL0)，并且最大转换结果为 ±1999。REFH1、REFL0 的共模电压范围为 V_+ ~ V_- 之间，任何在 V_+ ~ V_- 之间的电压都可以作为 REFH1、REFL0 的输入。采用 REFH1 和 REFL0 的差模参考电压设置满量程电压。当输入差模电压 INH1 - INL0 为 REFH1 - REFL0 的 ±1.999 倍时，满量程输出为 ±1999。

如果差模参考电压为 1V，则满量程输入电压为 1.999V；如果差模参考电压为 100mV，则满量程输入电压为 199.9mV。

如果输入正电压超过了输入量程，千位上显示 "1"；如果输入负电压超过了输入量程，千位上显示 "-1"，并且最后三位有效数闪烁。因此要保证 (INH1 - INL0) ≤ (REFH1 - REFL0) × 1.999，而且 REFH1 为正，REFL0 为负。

2. 电路原理

热电阻数字温度计总电路如图 2-25 所示，传感器部分电路如图 2-26 所示。在图 2-25 中，V_{REF} 为 A - D 转换器的基准电压（参考电压），V_{IN} 为 A - D 转换器的输入电压。由图 2-26 可得

$$V_{REF} = \frac{V_+ R_1}{R_1 + R_2 + R_T} = \frac{V_+ R_1}{R_3 + R_T}$$

$$V_{IN} = V_+ \left(\frac{R_T}{R_1 + R_2 + R_T} - \frac{R_0}{R_1 + R_2 + R_0} \right) = \frac{V_+ R_3 (R_T - R_0)}{(R_3 + R_T)(R_3 + R_0)} \quad (2-15)$$

A - D 转换器显示输出 *DIS* 为

$$DIS = \frac{1000 V_{\mathrm{IN}}}{V_{\mathrm{REF}}} \tag{2-16}$$

把式(2-15)中 V_{IN} 和 V_{REF} 代入式(2-16)得

$$DIS = 1000 \left[\frac{R_3 (R_T - R_0)}{R_1 (R_3 + R_0)} \right] \tag{2-17}$$

注意到式(2-17)中无 V_+ 项，因此，显示准确度仅由电阻决定。

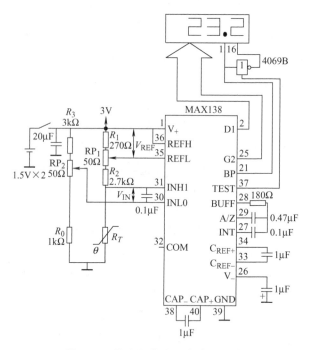

图 2-25　热电阻数字温度计总电路

在图 2-25 中，MAX138 的 20 脚接在千位 LCD 的 g 段，当为负值时，g 段点亮，显示负号。19 脚接在千位 LCD 的 e、f 段，可显示 "1"。百位、十位、个位 LCD 分别接对应引脚，同时十位 LCD 的小数点段应保证始终亮。21 脚接公共端 COM，37 脚接反相触发器的控制端。当输入电压超限时，TEST 为高电平，触发器开通，BP 信号反相，与个位、十位、百位 LCD 的各段输入端接通，由于 COM 端、输入端信号频率相同，相位差 180°，使个位、十位、百位闪烁；当输入端信号没有超限时，TEST 为低电平，反相触发器呈高阻态，不影响各位数的显示。

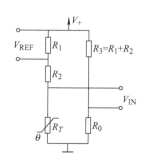

图 2-26　传感器部分电路

3. 调试

上述电路调试方法如下：

1）接入 1kΩ 电阻（相当于 0℃时传感器的电阻）替代传感器，调节 RP₂，使显示为 0。

2）接入 1.391kΩ 电阻（相当于 100℃时传感器的电阻），调节 RP₁，使显示为 100。

3）反复调节好后，接入铂热电阻传感器即可。

显示分辨力为0.1℃，然而，由式(2-17)可知，A-D转换器显示输出 DIS 与 $R_T - R_0$ 成比例，因此这种电路仍有非线性误差。

显示温度为 -199.9 ~ 199.9℃，但不进行非线性校正，则100℃测温范围有0.3 ~ 0.4℃ 的非线性误差。200℃测温范围约为2℃误差。因此，必须加非线性校正电路，使其线性化。图2-27为传感器线性化部分电路，若计算 V_{IN} 和 V_{REF}，则有

$$V_{REF} = V_+ \left[\frac{R_1}{(R_1 + R_2 + R_T)} - \frac{R_3}{(R_3 + R_4 + R_0)} \right]$$

$$V_{IN} = V_+ \left[\frac{R_T}{(R_1 + R_2 + R_T)} - \frac{R_0}{(R_3 + R_4 + R_0)} \right] \tag{2-18}$$

由式(2-16)得，A-D转换器显示的 DIS 值为

$$DIS = \frac{1000 R_R (R_T - R_0)}{[R_1(R_R + R_0) - R_3(R_R + R_T)]} \tag{2-19}$$

式(2-19)与式(2-17)相比，在式(2-19)中分母有 $R_3(R_R + R_T)$ 项，它可在满刻度附近补偿传感器灵敏度的下降。

线性化测温电路如图 2-27 所示，进行非线性校正后，0 ~ 200℃时，测量准确度为0.2℃，满足需求。

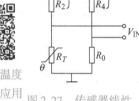

热电阻在温度
测量中的应用

图 2-27　传感器线性化部分电路

2.2.4　任务总结

通过本任务的学习，应掌握如下知识重点：①热电阻传感器的类型、结构等基本特性；②热电阻传感器的工作原理；③热电阻测温电桥电路的特点。

通过本任务的学习，应掌握如下实践技能：①能正确分析、制作与调试热电阻传感器应用电路；②掌握热电阻传感器的工作原理、选型。

任务3　热敏电阻在温度测量中的应用

2.3.1　任务目标

素质目标：培养求真务实的科学态度和奉献社会的精神。

通过本任务的学习，掌握热敏电阻传感器的结构、基本原理，依据所选择的热敏电阻传感器设计接口电路，并完成电路的制作与调试。

设计一简易热敏电阻测温电路，测温范围为 0 ~ 100℃，温度通过数码管显示。

2.3.2　任务分析

在温度传感器中应用最多的有热电偶、热电阻（如铂、铜电阻温度计等）和热敏电阻。但热敏电阻发展最为迅速，由于其性能得到不断改进，稳定性已大为提高，在许多场合下（40 ~ 350℃），热敏电阻已逐渐取代传统的温度传感器。热敏电阻灵敏度高，重复性好，工艺简单，便于工业化生产，因而成本较低，应用很广泛。

热敏电阻是一种新型的半导体测温元件，它是用电阻值随温度而显著变化的半导体电阻

制成的。与其他温度传感器相比,热敏电阻温度系数大,灵敏度高,响应迅速,测量电路简单,有些型号不用放大器就能输出几伏的电压;并且体积小,寿命长,价格便宜;由于本身阻值较大,因此可以不必考虑导线带来的误差,适于远距离的测量和控制;在需要耐湿、耐酸、耐碱、耐热冲击、耐振动的场合可靠性较高。它的缺点是非线性较严重,在电路上要进行线性补偿,互换性较差。

热敏电阻主要用于点温度、小温差温度的测量,远距离、多点测量与控制,温度补偿和电路的自动调节等。测温范围为 $-50 \sim 450℃$。

1. 热敏电阻的结构与符号

热敏电阻是由金属氧化物(NiO、MnO_2、CuO、TiO_2等)按一定比例混合烧结而成的半导体。通过不同的材质组合,能使热敏电阻得到不同的电阻值 R_0 及不同的温度特性。热敏电阻主要由热敏探头、引线、壳体等构成,如图 2-28 所示。

热敏电阻一般做成二端元件,但也有做成三端或四端元件的。二端和三端元件为直热式,即热敏电阻直接从连接的电路中获得功率;四端元件则为旁热式。

根据不同的使用要求,可以把热敏电阻做成不同的形状和结构,其结构形式如图 2-29 所示。常用热敏电阻的结构有珠形、圆片形、平板形、杆形和薄膜型。它们各自适用于不同的应用场合。

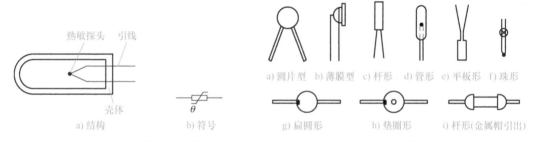

图 2-28　热敏电阻的结构与符号　　　　　　　　　　图 2-29　热敏电阻

2. 热敏电阻的工作原理

半导体和金属具有完全不同的导电机理。由于半导体中参与导电的是载流子,载流子的浓度要比金属中的自由电子的浓度小得多,所以半导体的电阻率大。随着温度的升高,一方面,半导体中的价电子受热激发跃迁到较高能级而产生的新的电子-空穴对增加,使电阻率减小;另一方面,半导体材料的载流子的平均运动速度升高,导致电阻率增大。

热敏电阻按其物理特性分为三大类型,即负温度系数热敏电阻(NTC)、正温度系数热敏电阻(PTC)和临界温度系数热敏电阻(CTR)。图 2-30 所示为热敏电阻的电阻-温度特性。

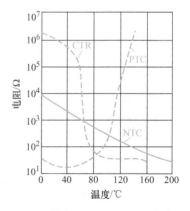

图 2-30　热敏电阻的电阻-温度特性

（1）正温度系数热敏电阻（PTC）的工作原理 PTC 是 Positive Temperature Coefficient 的缩写，意思是正的温度系数，指此材料的电阻会随温度的升高而增加。这种热敏电阻以钛酸钡为基本材料，再掺入适量的稀土元素，利用陶瓷工艺高温烧结而成。纯钛酸钡是一种绝缘材料，但掺入适量的稀土元素以后，就变成了半导体材料。正温度系数的热敏电阻温度达到居里点时，阻值会发生急剧变化。居里点即临界温度，一般钛酸钡的居里点为120℃。

PTC 热敏电阻常用作彩电消磁、各种电气设备的过热保护、发热源的定温控制、限流元件等。当 PTC 热敏电阻用于电路自动调节时，为克服或减小其分布电容较大的缺点，应选用直流或 60Hz 以下的工频电源。

（2）负温度系数热敏电阻（NTC）的工作原理 NTC 是 Negative Temperature Coefficient 的缩写，意思是负的温度系数，指此材料的电阻会随温度的升高而减小。负温度系数热敏电阻是以氧化锰、氧化钴和氧化铝等金属氧化物为主要原料，采用陶瓷工艺制造而成。这些金属氧化物材料都具有半导体性质，又具有灵敏度高、稳定性好、响应快、寿命长、价格低等优点。

NTC 热敏电阻研制得较早，也较成熟，也是目前使用最多的热敏电阻。NTC 热敏电阻主要用于温度测量和补偿，在各种电子电路中抑制浪涌电流，起保护作用。

（3）临界温度系数热敏电阻（CTR）的工作原理 还有一类热敏电阻叫临界温度系数热敏电阻（CTR），其特性是在某特定温度范围内随温度升高而降低 3~4 个数量级，即具有很大的负温度系数，主要用于温度开关类的控制。

3. 热敏电阻的主要特性

（1）电阻-温度特性 热敏电阻的基本特性是电阻-温度特性。用于测量的 NTC 热敏电阻，在较小的温度范围内，其电阻-温度特性是一条指数曲线，可表示为

$$R_T = A e^{BT} \tag{2-20}$$

式中，R_T 为温度为 T 时的电阻值；A 为与热敏电阻尺寸、形式以及它的半导体物理性能有关的常数；B 为与半导体物理性能有关的常数；T 为热敏电阻的热力学温度（K）。

若已知两个电阻值 R_0 和 R_1 及相应的温度 T_0 和 T_1，便可求出 A、B 两个常数：

$$B = \frac{T_1 T_0}{T_1 - T_0} \ln \frac{R_0}{R_1} \tag{2-21}$$

$$A = R_0 e^{-B/T_0} \tag{2-22}$$

将 A 值代入式（2-21）中，可获得以电阻值 R_0 为参数的温度特性表达式：

$$B = R_0 e^{B(\frac{1}{T} - \frac{1}{T_0})} \tag{2-23}$$

通常取 20℃ 时的热敏电阻值为 R_0，称为额定电阻，记作 R_{20}；取相对应于 100℃ 时的电阻值记作 R_{100}，此时 $T_0 = 293K$，$T_1 = 373K$，代入式（2-21），可得

$$B = 1365 \ln \frac{R_{20}}{R_{100}} \tag{2-24}$$

一般生产厂家都在此温度（293K 和 373K）下测量电阻值 R_{20} 和 R_{100}，从而求得 B 值为 2000~6000。将 B 值及 R_{20} 代入式（2-20）就确定了热敏电阻的电阻-温度特性，如图 2-31 所

示, B 称为热敏电阻常数。

热敏电阻的温度系数为

$$\alpha = \frac{1}{R_T}\frac{dR_T}{dT} = -\frac{B}{T^2} \tag{2-25}$$

若 $B = 4000\text{K}$, $T = 323\text{K}$ (500℃), 则 $\alpha = -3.8\%/℃$, 所以热敏电阻的温度系数比金属电阻大 10~100 倍, 因此它的灵敏度很高。B 和 α 是表征热敏电阻材料性能的两个重要参数。

(2) 伏-安特性 在稳态情况下, 通过热敏电阻的电流 I 与其两端之间的电压 U 的关系, 称为热敏电阻的伏-安特性, 如图 2-32 所示。当流过热敏电阻的电流很小时, 不足以使之加热, 这时它的电阻值只决定于环境温度, 其伏-安特性是直线, 遵循欧姆定律, 主要用来测温。

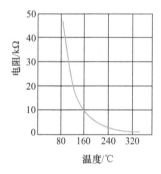

图 2-31 热敏电阻的电阻-温度特性

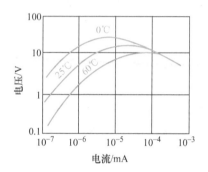

图 2-32 热敏电阻伏-安特性

当电流增大到一定值时, 流过热敏电阻的电流使之加热, 本身温度升高, 出现负阻特性。因这时电阻减小, 即使电流增大, 端电压反而下降, 其所能升高的温度与环境条件 (周围介质温度及散热条件) 有关。当电流和周围介质温度一定时, 热敏电阻的电阻值取决于介质的流速、流量、密度等散热条件。

热敏电阻的伏-安特性有助于我们正确选择热敏电阻的正常工作范围, 例如, 用于测温、控温及补偿用的热敏电阻, 就应当工作在曲线的线性区, 也就是说, 测量电流要小。这样就可以忽略电流加热所引起的热敏电阻阻值发生的变化, 而使热敏电阻的阻值变化仅仅与环境温度 (被测温度) 有关。如果是利用热敏电阻的耗散原理工作的, 如测量流量、风速等, 就应当工作在曲线的负阻区 (非线性段)。

热敏电阻的使用范围一般是在 -100~350℃之间, 如果要求特别稳定, 最高温度最好是 150℃左右。热敏电阻虽然具有非线性特点, 但利用温度系数很小的金属电阻与其串联或并联, 也可使热敏电阻阻值在一定范围内呈线性关系。

(3) 安-时特性 热敏电阻的电流-时间曲线 (即安-时特性) 如图 2-33 所示, 表示热敏电阻在不同的外加电压下,

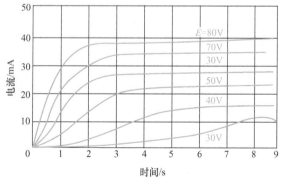

图 2-33 热敏电阻安-时特性

电流达到稳定最大值所需的时间。热敏电阻受电流加热后,一方面使自身温度升高,另一方面也向周围介质散热,只有在单位时间内从电流获得的能量与向周围介质散发的热量相等,达到热平衡时,才能有相应的平衡温度,即有固定的电阻值。完成这个热平衡过程需要时间,可选择热敏电阻的结构及采取相应的电路来调整这个时间。对于一般结构的热敏电阻,其值在 0.5~1s 之间。

4. 热敏电阻的主要参数

(1)标称电阻值 R_H 标称电阻值指在环境温度为 25℃±0.2℃ 时测得的电阻值,又称冷电阻,单位为 Ω。

(2)电阻温度系数 α 电阻温度系数指热敏电阻在温度变化 1℃ 时电阻值的变化率,通常指温度为 20℃ 时的温度系数,单位为 %/℃。

(3)耗散系数 H 耗散系数指热敏电阻的温度与周围介质的温度相差 1℃ 时热敏电阻所耗散的功率,单位为 W/℃。

(4)热容 C 热容指热敏电阻的温度变化 1℃ 所需吸收或释放的热量,单位为 J/℃。

(5)能量灵敏度 G 能量灵敏度指使热敏电阻的阻值变化 1% 所需耗散的功率,单位为 W。能量灵敏度 G 与耗散系数 H、电阻温度系数 α 之间有如下关系:

$$G = 100 \frac{H}{\alpha} \tag{2-26}$$

(6)时间常数 τ 时间常数指温度为 T_0 的热敏电阻突然置于温度为 T 的介质中,热敏电阻的温度增加 $\triangle T = 0.63(T - T_0)$ 时所需要的时间,也即热容 C 与耗散系数 H 之比:

$$\tau = \frac{C}{H} \tag{2-27}$$

5. 测温电路设计

一般测温系统的硬件电路通常以单片机为核心,并结合传感器、信号处理电路、A-D 转换电路、键盘及显示器实现测温功能,其硬件结构框图如图 2-34 所示。

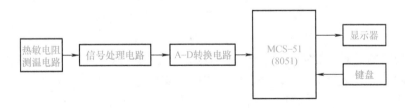

图 2-34 热敏电阻测温系统硬件结构框图

系统的基本工作过程是:热敏电阻传感器将所测温度转换成电压信号,经信号处理电路将信号处理后,通过 A-D 芯片转换成数字量送 CPU 进行显示。整个系统的重点在于传感器和信号处理部分,其他部分只是为了提高系统的自动化水平及人机交互界面,所以本任务主要讨论传感器及信号处理电路。

2.3.3　任务实施

简易热敏电阻测温电路图如图 2-35 所示。

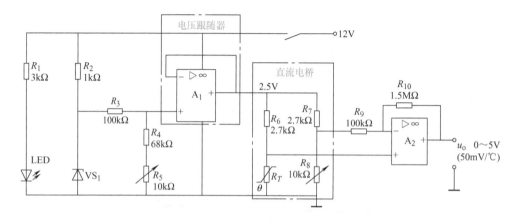

图 2-35　测温电路图

图 2-35 中 LED 为电源指示，A_1、A_2 为 LM358 运放，VS_1 为 1N154，R_T 为 PTC 热敏电阻，25℃时阻值为 1kΩ。

传感器的工作电流一般选择 1mA 以下，这样可避免电流产生的热影响测量准确度，并要求电源电压稳定。稳压管 VS_1 提供稳定电压，并经 R_3、R_4、R_5 分压，调节 R_5 使电压跟随器 A_1 输出 2.5V 的工作电压。

由 R_6、R_7、R_T 及 R_8 组成测量电桥，其输出接 A_2 差动放大器，经放大后输出，其非线性误差约为 ±2.5℃。相应输出电压为 0～5V，其输出灵敏度为 50mV/℃。

2.3.4　任务总结

通过本任务的学习，应掌握如下知识重点：①热敏电阻传感器的结构、基本特性；②热敏电阻传感器的工作原理；③热敏电阻传感器的主要参数。

热敏电阻在温度
测量中的应用

通过本任务的学习，应掌握如下实践技能：①能正确分析、制作与调试热敏电阻传感器应用电路；②掌握热敏电阻传感器的工作原理、选型。

复习与训练

2-1　将一灵敏度为 0.08mV/℃的热电偶与电压表相连，电压表接线端是 50℃，电压表读数为 60mV。求热电偶的测量端温度。

2-2　热电偶在工程中使用补偿导线的原因是什么？使用补偿导线时应注意什么？

2-3　要测量钢水温度、汽轮机高压蒸汽温度、内燃机气缸四个冲程中的温度变化，应分别选用哪种类型的热电偶？

2-4 热电偶四个定律是什么？有什么实用性？

2-5 简述热电阻温度传感器的测温原理。

2-6 热敏电阻温度传感器的主要优缺点是什么？按温度特性分为哪几种类型？

2-7 为什么热电阻传感器与指示仪表之间要采用三线制接线？对三根导线有何要求？

2-8 若被测温度点距离测温仪 500cm，应选用何种温度传感器？为什么？欲测量变化迅速的200℃的温度应选用何种传感器？测量 2000℃的高温又应选用何种传感器？试说明原理。

项目3

压力传感器的应用

3.1.1　任务目标

素质目标：培养诚信、法治的公民意识和严谨求实的科学精神。

通过本任务的学习，掌握应变式、电容式压力传感器的结构、基本原理，依据所选的压力传感器设计接口电路，并完成电路的制作与调试。

设计一简易的电子秤，称重范围为 0~5kg，准确度误差为 ±10g，重量采用 10V 的电压表显示。

3.1.2　任务分析

电子秤是人们日常生活中常用的计量衡器，广泛应用于超市、大中型商场、物流配送中心。电子秤在结构和原理上取代了以杠杆平衡为原理的传统机械式称重工具，相比传统的机械式称重工具，具有称量准确度高、装机体积小、应用范围广、易于操作使用等优点，在外形布局、工作原理、结构和材料上都是全新的计量器。

电子秤的称重原理基于力传感器。力传感器的种类繁多，如电阻应变式压力传感器、半导体应变式压力传感器、压阻式压力传感器、电感式压力传感器、电容式压力传感器、谐振式压力传感器及电容式加速度传感器等。其中最基本的是电阻应变式压力传感器和电容式压力传感器，下面主要介绍这两类传感器。

1. 电阻应变式压力传感器

（1）电阻应变片的结构和工作原理　电阻应变片主要分为金属应变片和半导体应变片，常见的金属应变片有丝式、箔式和薄膜式三种，电阻应变片的种类如图 3-1 所示。

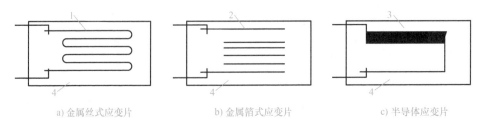

a) 金属丝式应变片　　　　b) 金属箔式应变片　　　　c) 半导体应变片

图 3-1　电阻应变片的种类

1—电阻丝　2—金属箔　3—半导体　4—基片

1）电阻应变片的结构。以金属电阻应变片为例，它由敏感栅、基片、覆盖层和引线等部分组成，金属电阻应变片结构图如图 3-2 所示。

敏感栅——应变片的核心部分，是应变计中实现应变-电阻转换的敏感元件，其电阻值一般在 100Ω 以上。

覆盖层——用纸、胶做成覆盖在敏感栅上的保护层，起着绝缘、防潮、防蚀、防损、几何形状固定等作用。

基片——将被测体的应变准确地传递到敏感栅上，一般为 0.03～0.06mm，与被测体及敏感栅能牢固地粘合在一起，此外它还应有良好的绝缘性能、抗潮性能和耐热性能。

引线——它起着敏感栅与测量电路之间的过渡连接和引导作用。

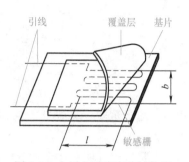

图 3-2　金属电阻应变片结构图

2）应变效应。电阻应变式压力传感器的工作原理是基于应变片的应变效应。所谓应变效应，即导体在外力作用下产生机械形变时，它的电阻值相应发生变化，如图 3-3 所示。

一段长为 l、截面积为 S、电阻率为 ρ 的导体（如金属丝），在其未受力时，原始电阻值为

图 3-3　金属丝应变效应示意图

$$R = \rho \frac{l}{S} \tag{3-1}$$

当电阻丝受到拉力 F 作用时，将伸长 Δl，截面积相应减小 ΔS，电阻率因材料晶格发生变形等因素影响而改变了 $\Delta \rho$，从而引起电阻值的相对变化量为

$$\frac{dR}{R} = \frac{d\rho}{\rho} + \frac{dl}{l} - \frac{dS}{S} \tag{3-2}$$

式中，dl/l 为长度相对变化量；dS/S 为圆形电阻丝的截面积相对变化量，设 r 为电阻丝的半径，微分后可得 $dS = 2\pi r dr$，则

$$\frac{dS}{S} = 2 \frac{dr}{r} \tag{3-3}$$

由材料力学可知，在弹性范围内，金属丝受拉力时，沿轴向伸长，沿径向缩短。令 $dl/l = \varepsilon$ 为金属电阻丝的轴向应变，$dr/r = \varepsilon_r$ 为金属电阻丝的径向应变，那么轴向应变和径向应变的关系可表示为

$$\frac{dr}{r} = -\mu \frac{dl}{l} = -\mu\varepsilon \tag{3-4}$$

式中，μ 为电阻丝材料的泊松比，负号表示应变方向相反。又有

$$\frac{d\rho}{\rho} = c(1 - 2\mu)\varepsilon \tag{3-5}$$

式中，c 为金属材料的某一常数，由其材料和其加工工艺处理方式决定，例如康铜（铜镍合金），$c = 1$。

综上有

$$\frac{\mathrm{d}R}{R} = \frac{\mathrm{d}\rho}{\rho} + \frac{\mathrm{d}l}{l} - \frac{\mathrm{d}S}{S} = \left[c(1-2\mu) + (1+2\mu) \right] \frac{\mathrm{d}l}{l} = \left[c(1-2\mu) + (1+2\mu) \right] \varepsilon \qquad (3\text{-}6)$$

$$\frac{\mathrm{d}R}{R} = K_s \varepsilon \qquad (3\text{-}7)$$

$$K_s = \frac{\dfrac{\mathrm{d}R}{R}}{\dfrac{\mathrm{d}l}{l}} \qquad (3\text{-}8)$$

式中，K_s 为金属导体应变灵敏系数，其物理含义是单位轴（纵）向应变引起电阻的相对变化量。

大量实验证明，在金属丝的拉伸极限内，金属丝电阻的相对变化与金属丝的轴向应变成正比，即 K_s 为常数。

灵敏系数 K_s 受两个因素影响：一是应变片受力后材料几何尺寸的变化，即 $1+2\mu$；二是应变片受力后材料电阻率发生变化，即泊松比变化（$1-2\mu$）。对金属材料而言，式(3-6)中材料几何尺寸变化值较大，即 $1+2\mu$ 占主导。

（2）金属应变片 丝式金属电阻应变片的敏感栅由直径为 0.01 ~ 0.05mm 的电阻丝平行排列而成。箔式金属电阻应变片是利用光刻、腐蚀等工艺制成的一种很薄的金属箔栅，其厚度一般为 0.003 ~ 0.01mm，可制成各种形状的敏感栅（如应变花），其优点是表面积和截面积之比大，散热性能好，允许通过的电流较大，可制成各种所需的形状，便于批量生产。

1）金属应变片的材料。常用金属电阻丝材料的性能见表3-1，选取金属丝材料有如下要求：

① 灵敏系数大，且在相当大的应变范围内保持常数。

② ρ 值大，即在同样长度、同样横截面积的电阻丝中具有较大的电阻值。

③ 电阻温度系数小，否则因环境温度变化也会改变其阻值。

④ 与铜线的焊接性能好，与其他金属的接触电动势小。

⑤ 机械强度高，具有优良的机械加工性能。

表 3-1 常用金属电阻丝材料的性能

材料	成分		灵敏系数 K_s	电阻率 /$\mu\Omega \cdot$ mm (20℃)	电阻温度系数 $\times 10^{-8}$/℃ (0 ~ 100℃)	最高使用温度/℃	对铜的热电动势 /(μV/℃)	线膨胀系数 $\times 10^{-8}$/℃
	元素	含量（%）						
康铜	Ni	45	1.9 ~ 2.1	0.45 ~ 0.25	±20	300（静态）	43	15
	Cu	55				400（动态）		
镍铬合金	Ni	80	2.1 ~ 2.3	0.9 ~ 1.1	110 ~ 130	450（静态）	3.8	14
	Cr	20				800（动态）		
镍铬铝合金（6J22，卡马合金）	Ni	74	2.4 ~ 2.6	1.24 ~ 1.42	±20	450（静态）	3	13.3
	Cr	20						
	Al	3				800（动态）		
	Fe	3						
镍铬铝合金（6J23）	Ni	75	2.4 ~ 2.6	1.24 ~ 1.42	±20	450（静态）	3	
	Cr	20						
	Al	3				800（动态）		
	Cu	2						

（续）

材料	成分		灵敏系数 K_s	电阻率 /μΩ·mm (20℃)	电阻温度系数 ×10^{-8}/℃ (0~100℃)	最高使用 温度/℃	对铜的热 电动势 /(μV/℃)	线膨胀系数 ×10^{-8}/℃
	元素	含量 (%)						
铁镍铝合金	Fe Cr Al	70 25 5	2.8	1.3~1.5	30~40	700（静态） 1000（动态）	2~3	14
铂	Pt	100	4~6	0.09~0.11	3900	800（静态） 100（动态）	7.6	8.9
铂钨合金	Pt W	92 8	3.5	0.68	227		6.1	8.3~9.2

2）应变片的粘贴。用应变片测量时，将其粘贴在被测对象表面上。当被测对象受力变形时，附着在弹性敏感元件上的应变片敏感栅也随之变形，其电阻值发生相应变化，通过测量电路转换为电压或电流变化，以此来直接测量应变。凡是能转换成应变的物理量如位移、力、力矩、加速度、压力等，都可以用此类传感器来进行测量，因而出现了与之对应的各种应变式传感器。

应变片是用粘结剂粘贴到被测件上的。选择粘结剂和正确的粘结工艺与应变片的测量准确度有着极其重要的关系。

粘贴工艺包括被测件粘贴表面处理、贴片位置确定、涂底胶、贴片、干燥固化、贴片质量检查、引线的焊接与固定以及防护与屏蔽等。

粘结剂形成的胶层必须准确、迅速地将被测件应变传递到敏感栅上。选择粘结剂时必须考虑应变片材料和被测件材料性能，不仅要求粘接力强，粘结后机械性能可靠，而且粘合层要有足够大的剪切弹性模量，良好的电绝缘性，蠕变和滞后小，耐湿、耐油、耐老化，动态应力测量时耐疲劳。还要考虑到应变片的工作条件，如温度、相对湿度、稳定性要求以及贴片固化时加热加压的可能性等。常用的粘结剂类型有硝化纤维素型、氰基丙烯酸型、聚酯树脂型、环氧树脂型和酚醛树脂型等。

3）应变片的优缺点。优点：测量应变的灵敏度和准确度高，性能稳定、可靠，误差小于1%；应变片尺寸小、重量轻、结构简单、使用方便、测量速度快；测量时对被测的工件状态和应力分布基本上无影响；既可用于静态测量，又可用于动态测量；测量范围大，既可测量弹性形变，也可测量塑性形变，形变范围为1%~2%；适应性强，可在高温、超低温、高压、水下、强磁场以及核辐射等恶劣环境下使用；便于多点测量、远距离测量和遥测；价格便宜，品种多，工艺较成熟。

缺点：大应变状态中具有较明显的非线性；输出信号微弱，故抗干扰能力较差；输出是单点应变或应变栅范围内的平均应变，不能显示应力场中应力梯度的突变。

（3）电桥电路　电阻应变式压力传感器最典型的测量电路是电桥电路，可分为直流电桥和交流电桥。直流电桥可直接测量电阻的变化量，交流电桥可测量电容及电感的变化量。

1）直流电桥介绍。

① 直流电桥的平衡条件。直流电桥电路如图3-4所示。图中，E 为电源电压，R_1、R_2、

R_3 及 R_4 为桥臂电阻，R_L 为负载电阻。

当 $R_L \rightarrow \infty$ 时，电桥输出电压为

$$U_o = E\left(\frac{R_1}{R_1 + R_2} - \frac{R_3}{R_3 + R_4} \right) \qquad (3\text{-}9)$$

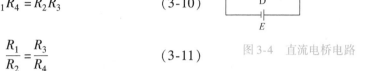

图 3-4 直流电桥电路

当电桥平衡时，$U_o = 0$，则有

$$R_1 R_4 = R_2 R_3 \qquad (3\text{-}10)$$

或

$$\frac{R_1}{R_2} = \frac{R_3}{R_4} \qquad (3\text{-}11)$$

此为电桥平衡条件。欲使电桥平衡，其相邻两臂电阻的比值应相等，或相对两臂电阻的乘积应相等。

② 电压灵敏度。应变片工作时，其电阻值变化很小，电桥相应输出电压也很小，一般需要加入放大器进行放大。由于放大器的输入阻抗比桥路输出阻抗高很多，所以此时仍视电桥为开路情况。当受到外部应变时，设 R_1 桥臂为应变片电阻，变化为 ΔR_1，其他桥臂固定不变，电桥输出电压 $U_o \neq 0$，则电桥不平衡，输出电压为

$$
\begin{aligned}
U_o &= E\left(\frac{R_1 + \Delta R_1}{R_1 + \Delta R_1 + R_2} - \frac{R_3}{R_3 + R_4} \right) \\
&= \frac{\Delta R_1 R_4}{(R_1 + \Delta R_1 + R_2)(R_3 + R_4)} \\
&= E\frac{\dfrac{R_4}{R_3}\dfrac{\Delta R_1}{R_1}}{\left(1 + \dfrac{\Delta R_1}{R_1} + \dfrac{R_2}{R_1}\right)\left(1 + \dfrac{R_4}{R_3}\right)} \qquad (3\text{-}12)
\end{aligned}
$$

设桥臂比 $n = R_2/R_1$，由于 $\Delta R_1 \ll R_1$，分母中 $\Delta R_1/R_1$ 可忽略，并考虑到平衡条件 $R_2/R_1 = R_4/R_3$，则式 (3-12) 可写为

$$U_o = \frac{n}{(1+n)^2}\frac{\Delta R_1}{R_1}E \qquad (3\text{-}13)$$

电桥电压灵敏度定义为

$$K_U = \frac{U_o}{\dfrac{\Delta R_1}{R_1}} = \frac{n}{(1+n)^2}E \qquad (3\text{-}14)$$

从式 (3-14) 分析发现：电桥电压灵敏度正比于电桥供电电压，供电电压越高，电桥电压灵敏度越高，但供电电压的提高受到应变片允许功耗的限制，所以要适当选择。电桥电压灵敏度是桥臂电阻比值 n 的函数，恰当地选择桥臂比 n 的值，可保证电桥具有较高的电压灵敏度。

当 E 值确定后，下面来计算 n 取何值时才能使 K_U 最高。

由 $\mathrm{d}K_U/\mathrm{d}n = 0$，求 K_U 的最大值，得

$$\frac{\mathrm{d}K_U}{\mathrm{d}n} = \frac{1-n^2}{(1+n)^3} = 0 \qquad (3\text{-}15)$$

求得 $n = 1$ 时，K_U 为最大值。这就是说，在供桥电压确定后，当 $R_1 = R_2 = R_3 = R_4$ 时，

电桥电压灵敏度最高,此时有

$$U_o = \frac{E}{4} \frac{\Delta R_1}{R_1}$$

$$K_U = \frac{E}{4} \tag{3-16}$$

由式(3-16)可知,当电源电压 E 和电阻相对变化量 $\Delta R_1/R_1$ 保持一定时,电桥的输出电压及其灵敏度也是定值,且与各桥臂电阻阻值大小无关。

③ 非线性误差及其补偿方法。式(3-13)是略去分母中的 $\Delta R_1/R_1$ 项,且在电桥输出电压与电阻相对变化成正比的理想情况下得到的,实际情况则应按下式计算:

$$U_o' = E \frac{n \dfrac{\Delta R_1}{R_1}}{\left(1 + n + \dfrac{\Delta R_1}{R_1}\right)(1 + n)} \tag{3-17}$$

U_o' 与 $\Delta R_1/R_1$ 的关系是非线性的,非线性误差为

$$\gamma_L = \frac{U_o - U_o'}{U_o} = \frac{\dfrac{\Delta R_1}{R_1}}{1 + n + \dfrac{\Delta R_1}{R_1}} \tag{3-18}$$

如果是四等臂电桥,$R_1 = R_2 = R_3 = R_4$,即 $n = 1$,则

$$\gamma_L = \frac{\dfrac{\Delta R_1}{2R_1}}{1 + \dfrac{\Delta R_1}{2R_1}} \tag{3-19}$$

对于一般应变片来说,所受应变 ε 通常在 5000μ 以下,若取应变片灵敏度系数 $K = 2$,则 $\Delta R_1/R_1 = K\varepsilon = 0.01$,代入式(3-19)计算得非线性误差为 0.5%;若 $K = 130$,$\varepsilon = 1000\mu$,$\Delta R_1/R_1 = 0.130$,则得到非线性误差为 6%,故当非线性误差不能满足测量要求时,必须予以消除。

为了减小和克服非线性误差,常采用图 3-5 所示的差动电桥。在试件上安装两个工作应变片,一个受拉应变,一个受压应变,接入电桥相邻桥臂,称为差动半桥电路,如图 3-5a 所示。该电桥输出电压为

$$U_o = E\left(\frac{\Delta R_1 + R_1}{\Delta R_1 + R_1 + R_2 - \Delta R_2} - \frac{R_3}{R_3 + R_4}\right) \tag{3-20}$$

若 $\Delta R_1 = \Delta R_2$,$R_1 = R_2$,$R_3 = R_4$,则得

$$U_o = \frac{E}{2} \frac{\Delta R_1}{R_1} \tag{3-21}$$

由式(3-21)可知,U_o 与 $\Delta R_1/R_1$ 成线性关系,差动电桥无非线性误差,而且电桥电压灵敏度 $K_U = E/2$,是单臂电桥工作时的 2 倍,同时还具有温度补偿作用。

测量电桥再加以改造,使相对边粘贴相同应变趋势的应变片,可得差动全桥电路,如图 3-5b 所示,计算可得差动全桥的电压灵敏度 $K_U = E$,是单臂电桥工作时的 4 倍。

2)交流电桥介绍。根据直流电桥分析可知,由于应变电桥输出电压很小,一般都要加

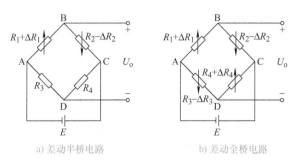

a) 差动半桥电路　　　　b) 差动全桥电路

图 3-5　差动电桥电路

放大器，而直流放大器容易产生零漂，因此应变电桥多采用交流电桥。图 3-6 为了节省显示仪表，$\dot{U}$ 为交流电压源，由于供桥电源为交流电源，引线分布电容使得两桥臂应变片呈现复阻抗特性，即相当于两只应变片各并联了一个电容，则每一桥臂上复阻抗分别为

$$Z_1 = \frac{R_1}{1 + j\omega R_1 C_1}$$

$$Z_2 = \frac{R_2}{1 + j\omega R_2 C_2} \tag{3-22}$$

$$Z_3 = R_3$$

$$Z_4 = R_4$$

式中，C_1、C_2 表示应变片引线分布电容。

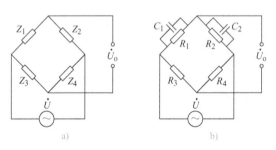

a)　　　　　　　　b)

图 3-6　差动半桥交流电桥

由交流电路分析可得

$$\dot{U}_o = \dot{U} \frac{Z_1 Z_4 - Z_2 Z_3}{(Z_1 + Z_2)(Z_3 + Z_4)} \tag{3-23}$$

要满足电桥平衡条件，即 $U_o = 0$，则有

$$Z_1 Z_4 = Z_2 Z_3 \tag{3-24}$$

取 $Z_1 = Z_2 = Z_3 = Z_4$，将式 (3-22) 代入式 (3-24)，可得

$$\frac{R_1}{1 + j\omega R_1 C_1} R_4 = \frac{R_2}{1 + j\omega R_2 C_2} R_3 \tag{3-25}$$

整理式 (3-25)，得

$$\frac{R_3}{R_1} + j\omega R_3 C_1 = \frac{R_4}{R_2} + j\omega R_4 C_2 \tag{3-26}$$

使实部、虚部分别相等，整理可得交流电桥的平衡条件为

$$\frac{R_4}{R_2} = \frac{R_3}{R_1} \tag{3-27}$$

$$R_4 C_2 = R_3 C_1 \tag{3-28}$$

在图 3-6 所示的差动半桥交流电桥中，当被测应力变化引起 $Z_1 = Z_0 + \Delta Z$，$Z_2 = Z_0 - \Delta Z$ 变化时，则电桥输出为

$$\dot{U}_{\mathrm{o}} = \dot{U}\left(\frac{Z_0 + \Delta Z}{2Z_0} - \frac{1}{2}\right) = \frac{\dot{U} \Delta Z}{2Z_0} \tag{3-29}$$

（4）应变片的温度补偿 由于测量现场环境温度的改变而给测量带来的附加误差，称为应变片的温度误差。产生应变片温度误差的主要因素有下述两个方面：电阻温度系数的影响；试件材料和电阻丝材料的线膨胀系数的影响。

因此，环境温度变化而引起的附加电阻的相对变化量，除了与环境温度有关外，还与应变片自身的性能参数（K、α、β）以及被测试件线膨胀系数 β_{e} 有关。

温度补偿方法有：单丝自补偿应变片、双丝自补偿应变片、电路补偿法等。其中，电路补偿法最常用，且效果最好，如图 3-7 所示。R_1 接工作应变片，R_2 接含温度补偿的补偿应变片，构成测量电桥。

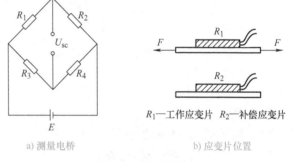

R_1—工作应变片 R_2—补偿应变片

a) 测量电桥   b) 应变片位置

图 3-7 电路补偿法

若要实现完全补偿，上述分析过程必须满足以下 4 个条件：

1）在应变片工作过程中，保证 $R_3 = R_4$。

2）R_1 和 R_2 这两个应变片应具有相同的电阻温度系数 α、线膨胀系数 β_{e}、应变片灵敏度系数 K 和初始电阻值 R_0。

3）粘贴补偿片的补偿块材料和粘贴工作片的被测试件材料必须一样，两者的线膨胀系数 β_{e} 相同。

4）两应变片应处于同一温度场。

（5）半导体电阻应变片 半导体应变片用半导体材料制成，其工作原理是基于半导体材料的压阻效应。压阻效应是指半导体材料某一轴向受外力作用时，其电阻率 ρ 发生变化的现象。当半导体应变片受轴向力作用时，电阻相对变化为

$$\frac{\mathrm{d}R}{R} = (1 + 2\mu)\varepsilon + \frac{\mathrm{d}\rho}{\rho} \tag{3-30}$$

式中，$\mathrm{d}\rho/\rho$ 为半导体应变片的电阻率相对变化量。$\mathrm{d}\rho/\rho$ 与半导体敏感元件在轴向所受的应变力有关，其关系为

$$\frac{\mathrm{d}\rho}{\rho} = \pi\sigma = \pi E\varepsilon \tag{3-31}$$

式中，π 为半导体材料的压阻系数；σ 为半导体材料的所受应变力；E 为半导体材料的弹性模量；ε 为半导体材料的应变。

将式(3-31) 代入式(3-30) 中，得

$$\frac{\mathrm{d}R}{R} = (1 + 2\mu + \pi E)\varepsilon \tag{3-32}$$

实验证明，πE 比 $1+2\mu$ 大上百倍，所以 $1+2\mu$ 可以忽略。因而半导体应变片的灵敏系数为

$$K = \frac{\dfrac{\mathrm{d}R}{R}}{\varepsilon} \approx \pi E \tag{3-33}$$

半导体应变片的灵敏系数比金属丝式高 $50 \sim 80$ 倍，但半导体材料的温度系数大，应变时非线性比较严重，使它的应用范围受到一定限制。

2. 电容式压力传感器

电容式压力传感器是用途极广、很有发展潜力的传感器。电容式压力传感器是将被测的机械量，如位移、压力等转换为电容量变化的传感器。它的敏感部分就是具有可变参数的电容。电容的定义式如式(3-34) 所示，δ、A、ε 三个参数中任一个的变化都将引起电容量变化，并可用于测量。因此电容式压力传感器可分为变间隙型、变面积型、变介质型三类。变间隙型一般用来测量微小的线位移或由于力、压力、振动等引起的极距变化；变面积型一般用于测量角位移或较大的线位移；变介质型常用于物位测量和各种介质的温度、密度、湿度的测定。20 世纪 70 年代末以来，随着集成电路技术的发展，出现了与微型测量仪表封装在一起的电容式压力传感器。这种新型的传感器能使分布电容的影响大为减小，使其固有的缺点得到克服。

（1）电容式压力传感器的结构和原理

1）变间隙型电容传感器介绍。

① 工作原理如下：

$$C_0 = \frac{\varepsilon_0 \varepsilon_r A}{\delta_0} \tag{3-34}$$

极板上移：

$$C = C_0 + \Delta C = \frac{\varepsilon_0 \varepsilon_r A}{\delta_0 - \Delta\delta} = \frac{\varepsilon_0 \varepsilon_r A}{\delta_0 \left(1 - \dfrac{\Delta\delta}{\delta_0}\right)}$$

$$= C_0 \frac{1}{1 - \dfrac{\Delta\delta}{\delta_0}} = \frac{\varepsilon_0 \varepsilon_r A\left(1 + \dfrac{\Delta\delta}{\delta_0}\right)}{\delta_0 \left(1 - \dfrac{\Delta\delta^2}{\delta_0^2}\right)} \tag{3-35}$$

当 $\Delta\delta/\delta_0 \ll 1$ 时，有

$$C = \frac{\varepsilon_0 \varepsilon_r A\left(1 + \dfrac{\Delta\delta}{\delta_0}\right)}{\delta_0 \left(1 - \dfrac{\Delta\delta^2}{\delta_0^2}\right)} \approx \frac{\varepsilon_0 \varepsilon_r A}{\delta_0}\left(1 + \frac{\Delta\delta}{\delta_0}\right) = C_0 + C_0 \frac{\Delta\delta}{\delta_0} \tag{3-36}$$

$$C = C_0 + \Delta C = \frac{\varepsilon_0 \varepsilon_r A}{\delta_0 - \Delta\delta} = \frac{\varepsilon_0 \varepsilon_r A}{\delta_0 \left(1 - \dfrac{\Delta\delta}{\delta_0}\right)} \tag{3-37}$$

$$\frac{\Delta C}{C_0} = \frac{\Delta \delta}{\delta_0} \left[1 + \frac{\Delta \delta}{\delta_0} + \left(\frac{\Delta \delta}{\delta_0}\right)^2 + \left(\frac{\Delta \delta}{\delta_0}\right)^3 + \cdots \right] \qquad (3\text{-}38)$$

略去高次项, 得

$$\frac{\Delta C}{C_0} = \frac{\Delta \delta}{\delta_0} \qquad (3\text{-}39)$$

$$S = \frac{\Delta C}{\Delta \delta} = \frac{C_0}{\delta_0} \qquad (3\text{-}40)$$

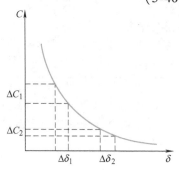

变间隙型电容传感器的输出特性曲线如图 3-8 所示。灵敏度 K 与初始极距的二次方成反比。减小间隙, 可以提高灵敏度。但若间隙过小, 会引起电容击穿或短路。为防止电容击穿, 极板间采用高介电常数的材料（云母、塑料膜等）作介质, 起绝缘作用。而且, 输出与输入变化量是非线性关系。

图 3-8 输出特性曲线

② 差动式变间隙型电容传感器。实际应用中, 变间隙型电容传感器往往采用差动形式, 如图 3-9 所示。

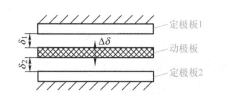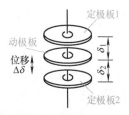

图 3-9 差动式变间隙型电容传感器结构图

初始位置时, $\delta_1 = \delta_2 = \delta_0$, $C_0 = \dfrac{\varepsilon A}{\delta_0}$。

动极板上移: $\qquad\qquad \delta_1 = \delta_0 - \Delta \delta, \ \delta_2 = \delta_0 + \Delta \delta \qquad (3\text{-}41)$

$$C_1 = C_0 + \Delta C = \frac{\varepsilon A}{\delta_0 - \Delta \delta} = C_0 \left(1 - \frac{\Delta \delta}{\delta_0}\right)^{-1} \qquad (3\text{-}42)$$

$$C_2 = C_0 - \Delta C = \frac{\varepsilon A}{\delta_0 + \Delta \delta} = C_0 \left(1 + \frac{\Delta \delta}{\delta_0}\right)^{-1} \qquad (3\text{-}43)$$

当 $\Delta \delta / \delta_0 \ll 1$ 时, 有

$$C_1 = C_0 \left[1 + \frac{\Delta \delta}{\delta_0} + \left(\frac{\Delta \delta}{\delta_0}\right)^2 + \left(\frac{\Delta \delta}{\delta_0}\right)^3 + \cdots \right] \qquad (3\text{-}44)$$

$$C_2 = C_0 \left[1 - \frac{\Delta \delta}{\delta_0} + \left(\frac{\Delta \delta}{\delta_0}\right)^2 - \left(\frac{\Delta \delta}{\delta_0}\right)^3 + \cdots \right] \qquad (3\text{-}45)$$

$$\Delta C' = C_1 - C_2 = C_0 \left[2\frac{\Delta \delta}{\delta_0} + 2\left(\frac{\Delta \delta}{\delta_0}\right)^3 + \cdots \right] \qquad (3\text{-}46)$$

略去高次项, 得

$$\frac{\Delta C'}{C_0} = 2\frac{\Delta \delta}{\delta_0} \qquad (3\text{-}47)$$

$$S = \frac{\Delta C'}{\Delta \delta} = 2\frac{C_0}{\delta_0} \qquad (3\text{-}48)$$

由式(3-48) 可以看出，灵敏度提高了一倍。

2）变面积型电容传感器。变面积型电容传感器的分类见表3-2，下面仅以常见的几种为例进行介绍，相应的公式请读者自行推导。

表 3-2 变面积型电容传感器分类

变面积型电容传感器分类	结构形式	板状线位移变面积型
		角位移变面积型
		筒状线位移变面积型
	中间极移动式变面积型	
	差动结构变面积型	

① 板状线位移变面积型。板状线位移变面积型电容传感器结构如图 3-10 所示，输出电容的变化量与位移变化量成线性关系。

$$C = C_0 - \Delta C = \frac{\varepsilon_0 \varepsilon_r b_0 (l_0 - \Delta l)}{\delta_0} \tag{3-49}$$

$$C_0 = \frac{\varepsilon_0 \varepsilon_r b_0 l_0}{\delta_0} \tag{3-50}$$

$$S_0 = \frac{\Delta C}{\Delta l} = \frac{C_0}{l_0} = \frac{\varepsilon_0 \varepsilon_r b_0}{\delta_0} \tag{3-51}$$

② 角位移变面积型。角位移变面积型电容传感器结构如图 3-11 所示，输出电容的变化量与角度变化量成线性关系。

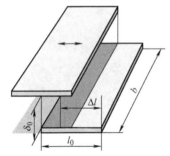

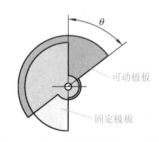

图3-10 板状线位移变面积型电容传感器

图3-11 角位移变面积型电容传感器

当 $\theta = 0$ 时，有

$$C_0 = \frac{\varepsilon_0 \varepsilon_r A}{\delta} \tag{3-52}$$

当 $\theta \neq 0$ 时，有

$$C = C_0 - \Delta C = \frac{\varepsilon_0 \varepsilon_r A \left(1 - \frac{\theta}{\pi}\right)}{\delta} = C_0 \left(1 - \frac{\theta}{\pi}\right) \tag{3-53}$$

$$\frac{\Delta C}{C_0} = \frac{\theta}{\pi} \tag{3-54}$$

③ 筒状线位移变面积型。筒状线位移变面积型电容传感器结构如图 3-12 所示，输出电容的变化量与位移变化量成线性关系：

$$C_0 = \frac{2\pi\varepsilon_0\varepsilon_r l_0}{\ln\left(\dfrac{R}{r}\right)} \tag{3-55}$$

$$C = C_0 - \Delta C = \frac{2\pi\varepsilon_0\varepsilon_r(l_0 - \Delta l)}{\ln\left(\dfrac{R}{r}\right)} \tag{3-56}$$

$$\frac{\Delta C}{C_0} = \frac{\Delta l}{l_0} \tag{3-57}$$

3）变介质型电容传感器。变介质型电容传感器结构如图3-13所示。

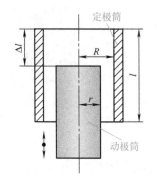
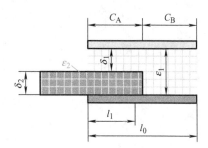

图3-12　筒状线位移变面积型电容传感器　　　　图3-13　变介质型电容传感器结构

$$C = C_A + C_B = \frac{bl_1}{\dfrac{\delta_1}{\varepsilon_1} + \dfrac{\delta_2}{\varepsilon_2}} + \frac{b(l_0 - l_1)}{\dfrac{\delta_1 + \delta_2}{\varepsilon_1}} \tag{3-58}$$

$$C = C_0 + C_0\frac{l_1}{l_0}\frac{1 - \dfrac{\varepsilon_1}{\varepsilon_2}}{\dfrac{\delta_1}{\delta_2} + \dfrac{\varepsilon_1}{\varepsilon_2}} \tag{3-59}$$

$$C = \frac{\varepsilon_1 bl_0}{\delta_1 + \delta_2} \tag{3-60}$$

式中，b 为电容极板长度。

（2）测量电路　电容式压力传感器测量电路把电容的变化量转换成电压、电流、频率等变化量，再送给控制核心。测量电路有三大类：调频、调幅、脉冲调宽。

1）调频电路。将电容传感器接入高频振荡器的 LC 谐振回路中，作为回路的一部分。当被测量变化使传感器电容改变时，振荡器的振荡频率随之改变，即振荡器频率受传感器电容所调制。调频电路的特点：转换电路产生频率信号，可远距离传输不受干扰；具有较高的灵敏度，可测量高至 $0.01\mu m$ 级的位移变化量；但非线性较差，可通过鉴频器（频压转换）转化为电压信号后，进行补偿。其电路原理框图如图3-14所示。频率公式见式(3-61)。

$$f = \frac{1}{2\pi\sqrt{LC}} \tag{3-61}$$

$$C = C_1 + C_2 + C_w \tag{3-62}$$

式中，C_1 为振荡回路固有电容；C_2 为传感器电容；C_w 为引线分布电容。

图 3-14　调频式测量电路原理框图

2）调幅电路介绍。

① 交流电桥。将电容传感器接入交流电桥作为电桥的一个或两个相邻臂，另外两臂可以是电阻、电容或电感，也可以是变压器的两个二次绕组，如图 3-15 所示。

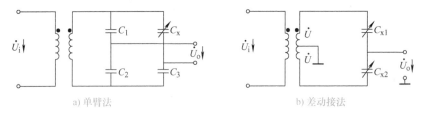

a) 单臂法　　　　　　　　　b) 差动接法

图 3-15　电容传感器输出检测交流电桥

在图 3-15b 的差动接法中，输出电压为

$$\dot{U}_o = \frac{C_{x1} - C_{x2}}{C_{x1} + C_{x2}}\dot{U} = \frac{(C_0 \pm \Delta C) - (C_0 \mp \Delta C)}{(C_0 + \Delta C) + (C_0 \mp \Delta C)}\dot{U} = \pm\frac{\Delta C}{C_0}\dot{U} \tag{3-63}$$

由于电桥输出电压与电源电压成正比，因此要求电源电压波动极小，需要采用稳幅、稳频等措施。在实际应用中，接有电容传感器的交流电桥输出阻抗很高（一般达几兆欧至几十兆欧），输出电压幅值又小，所以由电桥电路组成的系统原理框图如图 3-16 所示。

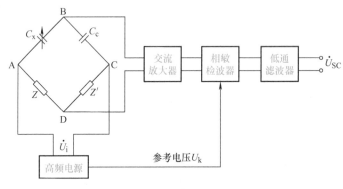

图 3-16　交流电桥测量系统原理框图

② 运算放大器式电路。将电容传感器接入开环放大倍数为 A 的运算放大电路中，作为电路的反馈组件，如图 3-17 所示。图中，U 是交流电源电压；C 是固定电容；C_x 是传感器电容；U_o 是输出电压信号。

由放大器的工作原理可得

$$\dot{U}_o = -\frac{\frac{1}{j\omega C_x}}{\frac{1}{j\omega C}}\dot{U} = -\frac{C}{C_x}\dot{U} \tag{3-64}$$

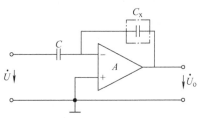

图 3-17　运算放大器式电容传感器测量电路

3）差动脉冲宽度调制电路。差动脉冲宽度调制电路，是利用对传感器电容的充放电，使电路输出脉冲的宽度随传感器的电容量变化而变化。其电路原理如图 3-18 所示。图中，C_1、C_2为差动电容传感器；电阻 $R_1 = R_2$；A_1、A_2为比较器。当双稳态触发器处于某一状态时，$Q = 1$，A 点为高电位，通过 R_1 对 C_1 充电，时间常数 $\tau_1 = R_1C_1$，直至 F 点电位高于参比电位 U_R，比较器 A_1 输出正跳变信号。$Q = 1$ 期间，电容 C_2 上已充电荷通过 VD_2 迅速放电至零电平。A_1 正跳变信号激励触发器翻转，使 $Q = 0$，于是 A 点为低电

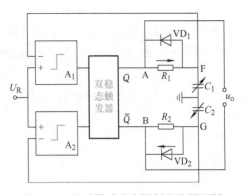

图 3-18　差动脉冲宽度调制电路原理图

平，C_1 通过 VD_1 迅速放电，而 B 点高电位通过 R_2 对 C_2 充电，时间常数 $\tau_2 = R_2C_2$，直至 G 点电位高于参比电位 U_R。

当 $C_1 = C_2$ 时，各点电压波形如图 3-19a 所示，输出电压 u_o 的平均值为 0。但当 C_1、C_2 不相等时，充电时间常数发生改变，若 $C_1 > C_2$，则对应各点电压波形如图 3-19b 所示，输出电压的平均值不为零。u_o 经低通滤波后，所得直流电压为

$$U_o = \frac{C_1 C_2}{C_1 + C_2} U_1 \tag{3-65}$$

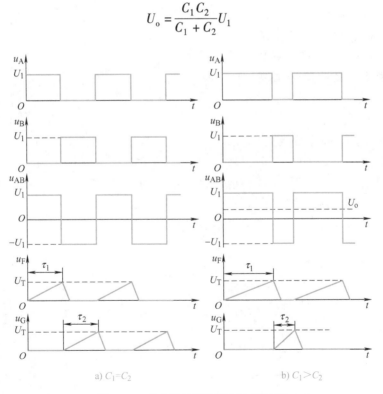

a) $C_1 = C_2$　　　　　　b) $C_1 > C_2$

图 3-19　差动脉冲宽度调制电压波形

3. 系统硬件结构

完成一个电子秤的设计时，首先是通过压力传感器采集到被测物体的重量并将其转换成

电压信号。输出电压信号通常很小，需要通过前端信号处理电路进行准确的线性放大。放大后的模拟电压信号经 A-D 转换电路转换成数字量被送到主控电路的单片机中，再经过单片机控制译码显示器，从而显示出被测物体的重量。图 3-20 所示为总体硬件结构框图。

图 3-20　电子秤硬件结构框图

3.1.3　任务实施

1. 电路原理

由系统框图细化得到测量电路图，如图 3-21 所示。

（1）桥式测量电路　常用的桥式测量电路如图 3-22 所示。桥式测量电路有四个电阻，电桥的一条对角线上接入工作电压 E，另一条对角线上为输出电压 U_o。其特点是：当四个桥臂电阻达到平衡条件时，电桥输出为零，否则就有电压输出，可利用灵敏检流计来测量，所以电桥能够精确地测量微小的电阻变化。

（2）放大电路　典型的差动放大器如图 3-23 所示，只需高准

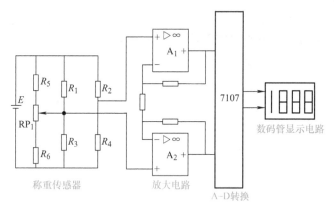

图 3-21　电子秤测量电路

确度 LM358 和几个电阻，即可构成性能优越的仪表用放大器，广泛应用于工业自动控制、仪器仪表、电气测量等数字采集的系统中。

（3）A-D 转换电路　A-D 转换电路如图 3-24 所示。

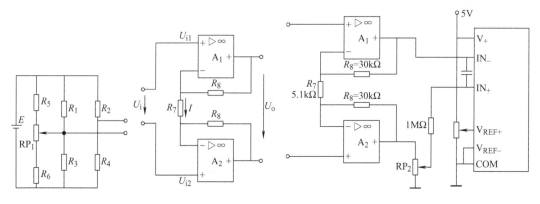

图 3-22　桥式测量电路　　图 3-23　放大电路　　图 3-24　A-D 转换电路

（4）显示电路 显示电路如图 3-25 所示。

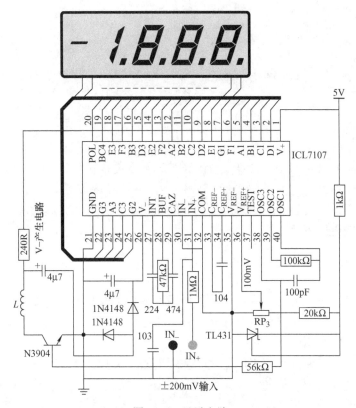

图 3-25 显示电路

2. 电路调试

1）首先在秤体自然下垂且无负载时调整 RP_1，使显示器准确显示零。

2）再调整 RP_2，使秤体承担满量程重量（本电路选满量程为 2kg 时）时显示满量程值。

3）然后在秤钩下悬挂 1kg 的标准砝码，观察显示器是否显示 1.000，如有偏差，可调整 RP_3 值，使之准确显示 1.000。

4）重新进行 2）、3）步骤，使之均满足要求为止。

5）最后测量 RP_2、RP_3 电阻值，并用固定精密电阻予以代替。RP_1 可引出表外调整。测量前先调整 RP_1，使显示器回零。

特别提示：使用的环境如果很潮湿，有很多粉尘，则应该选择密封形式较好的传感器；如果在有爆炸危险的场合，则应选择安全性较好的传感器；如果在高架称重系统中，则应考虑安全及过载保护；如果在高温环境下使用，则应选用有水冷却护套的称重传感器；如果在高寒地区使用，则应考虑有加温装置的传感器。

3.1.4 任务总结

通过本任务的学习，应该掌握如下知识重点：①电阻应变片的组成、结构等基本特性；②电阻压力传感器的工作原理；③各种桥式电路的特点以及电路补偿原理；④电容式压力传感器的种类及特点；⑤电容式压力传感器的测量电路。

通过本任务的学习，应该掌握如下实践技能：①能正确分析制作与调试压力传感器应用电路；②掌握压力传感器的工作原理、选型。

任务 2　声控玩具娃娃设计

3.2.1　任务目标

素质目标：培养健全人格、善良友爱的精神和高雅的审美意识。

通过本任务的学习，理解压电传感器的工作原理，掌握压电传感器的应用场合、测控电路。

制作一个基于压电传感器的简易声控玩具娃娃。项目完成后将其改装成音乐贺年卡的音乐电路、声控音响电路等。

3.2.2　任务分析

压电传感器具有灵敏度高、频带宽、质量轻、体积小以及工作可靠等优点，随着电子技术的发展，与之配套的二次仪表以及低噪声、小电容和高绝缘电阻电缆的出现，使压电传感器获得了十分广泛的应用。

压电传感器的工作原理是基于压电效应基础上的。某些晶体受某一方向外力作用而发生机械变形时，相应地在一定的晶体表面产生符号相反的电荷，外力去掉后电荷消失；力的方向改变时，电荷的符号也随之改变，这种现象称为压电效应。具有压电效应的晶体称为压电晶体、压电材料或压电元件。

压电效应是可逆的，即当晶体带电或处于电场中时，晶体将产生伸长或缩短的变化，这种现象称为电致伸缩效应或逆压电效应。

1. 压电效应与压电材料

（1）石英晶体的压电效应　石英晶体呈正六边形棱柱体，石英晶体结构及压电效应如图 3-26 所示。棱柱为基本组织，有三个互相垂直的晶轴：z 轴又称光轴，它与晶体的纵轴线方向一致；x 轴又称电轴，它通过六面体相对的两个棱线并垂直于光轴；y 轴又称为机械轴，它垂直于两个相对的晶柱棱面，如图 3-26a 所示。在正常情况下，晶格上的正、负电荷中心重合，表面呈电中性。当在 x 轴向施加压力时，如图 3-26b 所示，各晶体上的带电粒子均产生相对位移，正电荷中心向 B 面移动，负电荷中心向 A 面移动，因而 B 面呈现正电荷，A 面呈现负电荷。当在 x 轴向施加拉伸力时，如图 3-26c 所示，晶格上的离子均沿 x 轴向外产生位移，但硅离子和氧离子向外位移大，正负位移拉开，B 面呈现负电荷，A 面呈现正电荷。在 y 轴向施加压力时，如图 3-26d 所示，晶格离子沿 y 轴被向内压缩，A 面呈现正电荷，B 面呈现负电荷。沿 y 轴施加拉伸力时，如图 3-26e 所示，晶格离子在 y 方向被拉长，x 方向缩短，B 面呈现正电荷，A 面呈现负电荷。

通常把沿电轴 x 轴方向作用产生电荷的现象称为纵向压电效应，而把沿机械轴 y 轴方向作用产生电荷的现象称为横向压电效应。

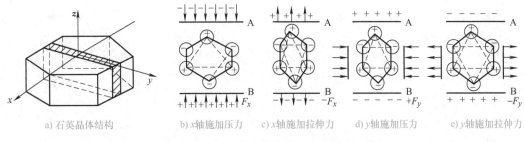

a) 石英晶体结构　b) x轴施加压力　c) x轴施加拉伸力　d) y轴施加压力　e) y轴施加拉伸力

图 3-26　石英晶体结构及压电效应

　　从晶体上沿轴线切下的薄片称为晶体切片。图 3-27 为垂直于电轴 x 切割的石英晶体切片，长为 a，宽为 b，高为 c。在与 x 轴垂直的两面覆以金属。

　　沿 x 方向施加作用力 F_x 时，在与电轴垂直的表面上产生的电荷 Q_{xx} 为

$$Q_{xx} = d_{11}F_x \qquad (3-66)$$

式中，d_{11} 为石英晶体的纵向压电系数，$d_{11} = 2.3 \times 10^{-12}$ C/N。

　　在覆以金属的极面间产生的电压为

$$u_{xx} = \frac{Q_{xx}}{C_x} = \frac{d_{11}F_x}{C_x} \qquad (3-67)$$

式中，C_x 为晶体上覆以金属的极面间的电容。

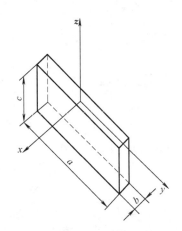

图 3-27　垂直于电轴 x 切割的
石英晶体切片

　　如果在同一切片上，沿机械轴 y 方向施加作用力 F_y，则在与 x 轴垂直的平面上产生的电荷为

$$Q_{xy} = \frac{ad_{12}F_y}{b} \qquad (3-68)$$

式中，d_{12} 为石英晶体的横向压电系数。

　　根据石英晶体的轴对称条件可得 $d_{12} = -d_{11}$，所以

$$Q_{xy} = \frac{-ad_{11}F_y}{b} \qquad (3-69)$$

产生的电压为

$$u_{xx} = \frac{Q_{xy}}{C_x} = \frac{-ad_{11}F_x}{C_x} \qquad (3-70)$$

　　（2）压电陶瓷的压电效应　压电陶瓷具有与铁磁材料磁畴结构类似的电畴结构。当压电陶瓷经极化处理后，陶瓷材料内部存有很强的剩余极化。当陶瓷材料受到外力作用时，电畴的界限发生移动，引起极化强度变化，产生了压电效应。经极化处理的压电陶瓷具有非常高的压电系数，为石英的几百倍，但机械强度比石英差。

　　当压电陶瓷在极化面上受到沿极化方向（z 方向）的作用力 F_z（即作用力垂直于极化面）时，压电陶瓷的压电效应如图 3-28a 所示，则在两个镀金（或银）的极化面上分别出现正负电荷，电荷量 Q_{zz} 与力 F_z 成比例，即

$$Q_{zz} = d_{zz}F_z \qquad (3\text{-}71)$$

式中，d_{zz} 为压电陶瓷的纵向压电系数。

输出电压为

$$u_{zz} = \frac{d_{zz}F_z}{C_z} \qquad (3\text{-}72)$$

式中，C_z 为压电陶瓷片电容。

当沿 x 轴方向施加作用力 F_x 时，如图 3-28b 所示，在镀银极化面上产生的电荷 Q_{zz} 为

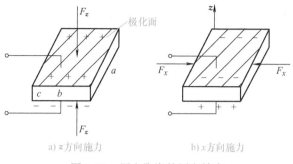

a) z 方向施力　　　b) x 方向施力

图 3-28　压电陶瓷的压电效应

$$Q_{zz} = \frac{S_z d_{z1} F_x}{S_x} \qquad (3\text{-}73)$$

$$Q_{zy} = \frac{S_z d_{z2} F_y}{S_y} \qquad (3\text{-}74)$$

同理，式(3-73) 和式(3-74) 中，d_{z1}、d_{z2} 是压电陶瓷在横向力作用时的压电系数，且均为负值，由于极化压电陶瓷平面各向同性，所以 $d_{z1} = d_{z2}$；S_z、S_x、S_y 是分别垂直于 z 轴、x 轴、y 轴的晶片面积。另外，用电荷量除以晶片的电容 C_z 即可得输出电压。

（3）压电材料　常见的压电材料可分为压电晶体、压电陶瓷、高分子压电材料及聚合物-压电陶瓷复合材料四类。

1）压电晶体。石英晶体是一种性能良好的压电晶体，其突出的优点是性能非常稳定。介电常数与压电系数的稳定性特别好，且居里点高，可以达到 575℃。此外，石英晶体还具有机械强度高、绝缘性能好、动态响应快、线性范围宽和迟滞小等优点。但石英晶体压电系数较小，灵敏度较低，价格较贵，所以只在标准传感器、高准确度传感器或高温环境下工作的传感器中作为电元件使用。石英晶体分为天然与人造两种，天然石英晶体的性能优于人造石英晶体，但天然石英晶体价格较高。

2）压电陶瓷。压电陶瓷是人工制造的多晶体压电材料。与石英晶体相比，压电陶瓷的压电系数很高，制造成本很低，在实际中使用的压电传感器大多采用压电陶瓷材料。压电陶瓷的弱点是居里点较石英晶体低，且性能没有石英晶体稳定。但随着材料科学的发展，压电陶瓷的性能正在逐步提高。

3）高分子压电材料。极性高分子材料如聚偏氟乙烯，其具有低声学阻抗特性，柔韧性良好，可以制作极薄的组件。但它同时也存在压电常数小、极化电场高的缺点。

4）聚合物-压电陶瓷复合材料。柔韧性良好，可制作极薄的组件，压电陶瓷的加入可以改善高分子压电材料压电常数小、极化电场高的缺点。

2. 压电式传感器的测量电路

由于外力作用在压电元件上产生的电荷只有在无泄漏的情况下才能保存，即需要测量回路具有无限大的输入阻抗，这实际上是不可能的，因此压电式传感器不能用于静态测量。

压电元件在交变力的作用下，电荷可以不断补充，可以供给测量回路一定的电流，因此只适用于动态测量。

由于压电元件上产生的电荷量很小，因此要想测量出该电荷量，选择一种合适的放大器显得非常重要。考虑到压电元件本身的特性以及传感器与放大器之间的连接导线，常见的压电传感器的测量电路有以下两种。

（1）电压放大器 图3-29所示为电压放大器的等效电路。C_a、C_c、C_i 分别为压电元件的固有电容、导线的分布电容以及放大器的输入电容。R_a、R_i 分别为压电元件的内阻和放大器的输入电阻。

假设有一交变的力 $F = F_m \sin\omega t$ 作用到压电元件上，在压电元件上产生的电荷 $Q = dF_m \sin\omega t$（d 为压电系数，F_m 为交变力的最大值），则放大器输入端的电压为

$$u_i = \frac{dF_m}{C_a + C_c + C_i} \tag{3-75}$$

因此，放大器的输出与 C_a、C_c、C_i 有关，而与输入信号的频率无关。在设计时通常把传感器出厂时的连接电缆长度定为一常数，使用时如改变电缆长度，则必须重新校正电压灵敏度值。

（2）电荷放大器 由于电压放大器在实际使用时受连接导线的限制，因此大多采用电荷放大器。图3-30为电荷放大器的等效电路。

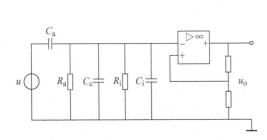

图3-29 电压放大器的等效电路

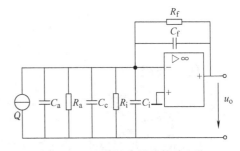

图3-30 电荷放大器的等效电路

放大器的输出电压为

$$u_o = -Au = \frac{-AQ}{C_a + C_c + C_i + (1 + A)C_f} \tag{3-76}$$

由于放大器的增益 A 很大，所以 $C_a + C_c + C_i$ 可以忽略，则放大器的输出电压为

$$u_o \approx \frac{-AQ}{(1 + A)C_f} \approx -\frac{Q}{C_f} \tag{3-77}$$

由式(3-77) 可以看出，电荷放大器的输出电压只与反馈电容有关，而与连接电缆无关。放大器的输出灵敏度取决于 C_f，在实际电路中，采用切换运算放大器负反馈电容 C_f 的办法来调节灵敏度，C_f 越小则放大器的灵敏度越高。

为了使放大器工作稳定，并减小零漂，在反馈电容 C_f 两端并联了一反馈电阻，形成直流负反馈，用以稳定放大器的静态工作点。

3. 电路设计实例

声控玩具娃娃的电路很简单，电路原理图如图3-31所示。声控信号采用压电传感器构成，而压电传感器由压电单晶、压电多晶和有机压电材料制成。压电陶瓷片 Y 是声音信号接收元件，工作时，压电陶瓷片 Y 将感受到的瞬时声音信号（如拍手声）转变为微弱的脉

冲电信号，经由晶体管 VT_2 放大后，给音乐片 A 的触发端 2 提供触发信号，音乐片被触发工作，其音乐信号通过蜂鸣器发出。

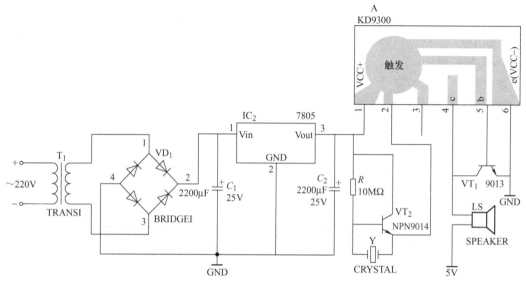

图 3-31　声控玩具娃娃电路

3.2.3 任务实施

1. 完成电路板制作

1）准备电路所需元器件。声控玩具娃娃电路的核心元件是压电传感器 Y，在外力作用下压电传感器的导电能力发生改变。在电路中应用了 KD9300 音乐片，KD9300 音乐片引脚接线如图 3-31 所示。蜂鸣器 SPEAKER 的参数为 8Ω、0.5W，晶体管 VT_2 和 VT_1 分别为 NPN9014、9013，电阻 R 为 10MΩ。

2）布局。根据电路原理图结合实物完成电路布局。

3）焊接元器件。元器件在焊接时注意要合理布局，先焊小元器件，后焊大元器件，防止小元器件插接后掉下来的现象发生。

4）压电传感器的制作。只要将引线一端与铜片连接，另一端与压电陶瓷片连接，利用焊锡将引线分别与铜片、压电陶瓷片牢牢焊住即可。

2. 测量

（1）压电传感器的测量　可以使用万用表进行压电传感器的测量。

1）用 $R \times 10\text{k}\Omega$ 档测两极电阻，正常时应为无穷大。然后轻轻敲击陶瓷片，指针应略微摆动。

2）将万用表的量程开关拨到直流电压 2.5V 档，左手拇指与食指轻轻捏住压电陶瓷片的两面，右手持万用表的表笔，红表笔接金属片，黑表笔横放在陶瓷表面上，然后左手稍用力压一下，随后又松一下，这样在压电陶瓷片上产生两个极性相反的电压信号，使万用表的指针先向右摆，接着回零，随后向左摆一下，摆幅为 0.1 ~ 0.15V，摆幅越大说明灵敏度越高。若万用表指针静止不动，说明内部漏电或破损。

切记不可用湿手捏压电陶瓷片；测试时万用表不可用交流电压档，否则观察不到指针摆动。

（2）通电并调试电路　给电路接上电源，若电路正确，当压电晶体受到外界环境声音变化作用时，会产生电效应，对音乐片 A 产生触发，使音乐片 A 输出音乐信号，由蜂鸣器播放音乐，时间长约为 20s。如果触发端一直保持高电平，那么它将一遍又一遍重复播放音乐，直到压电传感器不受到外界影响。调试过程中的常见问题：若电路不工作，则可能是元器件连接错误；若晶体管发热，则主要可能是引脚接错。

3. 制作注意事项

1）晶体管的极性。晶体管 9013 和 9014 不要混淆，避免连接错误。
2）电路板上有一些悬空的焊盘是否有用。
3）压电陶瓷片要接引线。

3.2.4　任务总结

通过本任务的学习，应该掌握如下知识重点：①压电效应原理；②压电传感器的典型测量电路。

通过本任务的学习，应该掌握如下实践技能：①能正确分析、制作与调试压电传感器应用电路；②掌握压电传感器的工作原理、选型。

复习与训练

3-1　电阻应变式压力传感器测量电路的组成部分有哪些？
3-2　什么是应变效应？什么是压阻效应？什么是压电效应和逆压电效应？
3-3　应变片产生温度误差的原因及温度补偿方法是什么？
3-4　钢材上粘贴的应变片的电阻变化率为 0.1%，钢材的应力为 $10 kg/mm^2$。试求：
（1）钢材的应变；（2）钢材的应变为 300×10^{-6} 时，粘贴的应变片的电阻变化率为多少？
3-5　图 3-32 所示为等强度梁测力系统，R_1 为电阻应变片，应变片灵敏度系数 $K = 2.05$，未受应变时 $R_1 = 120\Omega$，当试件受力 F 时，应变片承受平均应变 $\varepsilon = 8 \times 10^{-4}$。求：
（1）应变片电阻变化量 ΔR_1 和电阻相对变化量 $\Delta R_1 / R_1$。
（2）将电阻应变片置于单臂测量电桥，电桥电源电压为直流 3V，求电桥输出电压是多少。

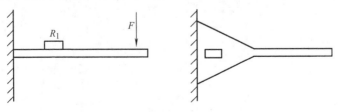

图 3-32　等强度梁测力系统

3-6 交流电桥的平衡条件是什么?

3-7 某电容传感器 (平行极板电容) 的圆形极板半径 $r = 4\text{mm}$, 工作初始极板间距离 $\delta_0 = 0.3\text{mm}$, 介质为空气。求:

(1) 如果极板间距离变化量 $\Delta\delta = \pm1\mu\text{m}$, 电容的变化量 ΔC 是多少?

(2) 如果测量电路的灵敏度 $k_1 = 100\text{mV/pF}$, 读数仪表的灵敏度 $k_2 = 5$ 格/mV, 在 $\Delta\delta = \pm1\mu\text{m}$ 时, 读数仪表的变化量为多少?

3-8 简述电容式压力传感器的优缺点。

3-9 电容式压力传感器测量电路的作用是什么?

3-10 能否用压电传感器测量静态压力? 为什么?

项目4

光电传感器的应用

任务1　光敏电阻在报警器中的应用

4.1.1　任务目标

素质目标：培养敬业奉献精神和遵纪守法的意识。

通过本任务的学习，理解光敏电阻的工作原理，能依据所选择的光敏电阻设计接口电路，并完成电路的制作与调试。

设计一简易火灾报警电路，使用光敏电阻探测火焰信号，控制中心收到报警信息后发出声光报警并控制灭火系统工作。

4.1.2　任务分析

由于光敏电阻具有体积小、灵敏度高、性能稳定、寿命长、价格低等优点，在自动控制、家用电器中得到广泛应用。

光敏传感器属于光电式传感器的一种。而光电式传感器以光电效应为基础，采用光电元件作为检测元件，将光信号转换为电信号。它首先把被测量的变化转换成光信号的变化，然后借助光电元件进一步将光信号转换成电信号。光电检测的方法具有准确度高、响应快、非接触、性能可靠等优点，而且可测参数多；传感器的结构简单，形式灵活多样。因此，光电式传感器在工业自动化检测装置和控制系统中得到了广泛应用。

光电式传感器一般由光源、光学通路、光电元件和测量电路等部分组成。光电式传感器可用于检测直接引起光量变化的非电量，如光强、光照度、辐射测温、气体成分分析等；也可用来检测能转换成光量变化的其他非电量，如零件直径、表面粗糙度、应变、位移、振动、速度、加速度以及物体的形状、工作状态的识别等。

1. 光电效应

光电元器件的理论基础是光电效应。光可以认为是由一定能量的粒子（光子）所形成的，每个光子具有的能量可表示为

$$e = h\gamma \tag{4-1}$$

式中，h 为普朗克常数，$h = 6.626 \times 10^{-34} \mathrm{J \cdot s}$；$\gamma$ 为入射光频率。

可见，e 正比于光的频率 γ，即光的频率越高，其光子的能量就越大。用光照射某一物体，可以看作物体受到一连串能量为 $h\gamma$ 的光子轰击，组成该物体的材料吸收光子能量而发生相应电效应的物理现象称为光电效应。通常把光电效应分为三类：外光电效应、光电导效

应和光生伏特效应。

（1）外光电效应　光照射于某一物体上，使电子从这些物体表面逸出的现象称为外光电效应，也称光电发射。逸出来的电子称为光电子。外光电效应可由爱因斯坦光电方程来描述：

$$\frac{1}{2}mv^2 = h\gamma - A \tag{4-2}$$

式中，m 为电子质量；v 为电子逸出物体表面时的初速度；A 为物体逸出功。

根据爱因斯坦假设，一个光子的能量只能给一个电子，因此一个光子把全部能量传给物体中的一个自由电子，使自由电子能量增加 $h\gamma$，这些能量一部分用于克服逸出功 A，另一部分作为电子逸出时的初动能 $\frac{1}{2}mv^2$。

由于逸出功与材料的性质有关，当材料选定后，要使物体表面有电子逸出，入射光的频率 γ 有一最低的限度，当 $h\gamma$ 小于 A 时，即使光通量很大，也不可能有电子逸出，这个最低限度的频率称为红限频率，相应的波长称为红限波长。当 $h\gamma$ 大于 A 时（入射光频率超过红限频率），光通量越大，逸出的电子数目也越多，电路中光电流也越大。

（2）光电导效应　光照射于某一物体上，使其导电能力发生变化，这种现象称为内光电效应，也称光电导效应。许多金属硫化物、硒化物、碲化物等半导体材料，如硫化镉、硒化镉、硫化铅、硒化铅，在受到光照时均会出现电阻下降的现象。另外，电路中反偏的 PN 结在受到光照时也会在该 PN 结附近产生光生载流子（电子-空穴对），从而对电路构成影响。

半导体材料的导电能力取决于半导体内部载流子的数目，如果载流子的数目增加，则半导体的电导率会增加。半导体中参与导电的载流子有自由电子和空穴两种。通常情况下，半导体原子中的价电子被束缚在价带中，光线照射在半导体材料上时，价电子吸收光子能量受到激发，从价带跃迁到导带，成为一个自由电子，与此同时价带原来价电子的位置上会形成空穴。但这些被释放的电子并不能逸出物体表面，而是停留在物体内部。由于自由电子和空穴都参与导电，所以半导体的电导率增加了。

（3）光生伏特效应　在光线作用下，物体两端产生一定方向的电动势，这种现象称为光生伏特效应，具有该效应的材料有硅、硒、氧化亚铜、硫化镉、砷化镓等。例如，当一定波长的光照射 PN 结时，就产生电子-空穴对，在 PN 结内电场的作用下，空穴移向 P 区，电子移向 N 区，于是 P 区和 N 区之间产生电压。根据光生伏特效应制成的光电元件主要是光电池等。

2. 光敏电阻的结构及特性

光敏电阻是基于内光电效应的光敏传感器，应用于光存在与否的感应（数字量）以及发光强度的测量（模拟量）等领域。它的电阻随着光照强度的增强而减小，允许更多的光电流流过。这种阻性特征使它具有很好的品质，即通过调节供电电源就可以从探测器上获得信号流。

光敏电阻的优点是灵敏度高，光谱响应范围宽，光谱响应可从紫外区一直到红外区范围、体积小、重量轻、机械强度高、耐冲击、耐振动、抗过载能力强、寿命长、性能稳定，价格便宜。缺点是需要外部电源，有电流时会发热。

光敏电阻在电路中用字母 R 表示。光敏电阻没有极性，纯粹是一个电阻元件，使用时既可加直流电压，也可以加交流电压。如果把光敏电阻连接到外电路中，在外加电压的作用下，用光照射就能改变电路中电流的大小，光敏电阻结构如图4-1所示。当无光照时，光敏电阻的阻值（暗电阻）很大，电路中电流很小；当光敏电阻受到适当波长范围内的光照射时，其阻值（亮电阻）急剧减小，因此电路中电流迅速增加。

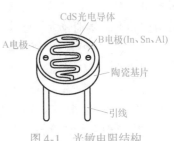

图4-1　光敏电阻结构

光敏电阻是薄膜元件，它是在陶瓷衬底上覆一层光电半导体材料，常用的半导体有硫化镉和硒化银等。在半导体光敏材料两端装上电极引线，金属接触点盖在光电半导体的下部，将其封装在带有透明窗的管壳里就构成了光敏电阻。为增加灵敏度，两电极常做成梳齿状。光敏电阻的灵敏度易受湿度的影响，因此要将光电导体严密封装在玻璃壳体中。

（1）光敏电阻的主要参数　光敏电阻在室温、无光照的全暗条件下，经过一定稳定时间之后，测得的电阻值称为暗电阻，或称暗阻，此时流过光敏电阻的电流称为暗电流。光敏电阻在室温且受到某一光线照射时测得的电阻值称为亮电阻，或称亮阻，此时流过的电流称为亮电流。光敏电阻接在电路上，亮电流（大）与暗电流（小）之差称为光电流。

光敏电阻的暗电阻越大越好，亮电阻越小越好，即暗电流要小，亮电流要大，这样光电流才可能大，光敏电阻的灵敏度才会高。实际上光敏电阻的暗电阻往往超过 $1M\Omega$，甚至高达 $100M\Omega$，而亮电阻即使在正常白昼条件下也可降到 $1k\Omega$ 以下，因此光敏电阻的灵敏度相当高。

（2）光敏电阻的特性

1）伏安特性。在一定光照度下，流过光敏电阻的电流与光敏电阻两端的电压的关系称为光敏电阻的伏安特性。图4-2所示为硫化镉光敏电阻的伏安特性。由图可见，在给定电压下，光照度越大，光电流也越大；在一定的光照度下，所加的电压越大，光电流越大，而且无饱和现象。但是电压不能无限地增大，因为任何光敏电阻都受额定功率、最高工作电压和额定电流的限制，超过最高工作电压和最大额定电流，可能导致光敏电阻永久性损坏。

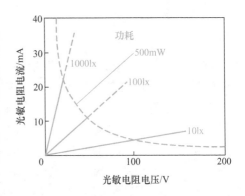

图4-2　硫化镉光敏电阻的伏安特性

2）光谱特性。光敏电阻对于不同的入射光灵敏度不同。光敏电阻的相对灵敏度（即光敏电阻的灵敏度与其在峰值波长时的灵敏度的百分比）与入射光波长的关系称为光谱特性。几种不同材料的光敏电阻的光谱特性如图4-3所示。由图可见，几种材料都有一个最大灵敏度，对应的波长称为最大灵敏度波长，而且所有曲线在长波端都有一个最大值。这是因为小于此波长光子的能量大于材料的禁带宽度，能够引起本征光电导的结果。硫化镉的峰值在可见光区域，而硫化铅的峰值在红外区域，因此在选用光敏电阻时应当把元件的峰值与光源的波长对应起来，才能获得满意的灵敏效果。

3）光照特性。光敏电阻的照度-电阻特性如图4-4所示，特性曲线可分为3段，低照度区1曲线斜率较大，高照度区3曲线斜率较小，中间区2一般为线性区，这种特性随光敏电阻的种类不同差别较大。曲线斜率一般用γ指数表示，即相当于图中的dR/dE，γ指数也称为照度指数、γ特性或γ值等，可用式（4-3）表示：

$$\gamma = \left| \frac{\lg(R_{10}/R_{100})}{\lg(100/10)} \right| = \left| \lg\left(\frac{R_{10}}{R_{100}}\right) \right| \tag{4-3}$$

式中，R_{10}为照度10lx时光敏电阻CdS的阻值；R_{100}为照度100lx时光敏电阻CdS的阻值。产品目录中γ值一般是在这种条件下记载的值。

由此可知，γ值是表示照度100lx与照度10lx间阻值变化的斜率。因此，该值越大，相对照度变化的阻值也越大，也就是对光的灵敏度越高。CdS的γ值为0.5~1，但在光通量反馈伺服系统中多用0.6~0.7。

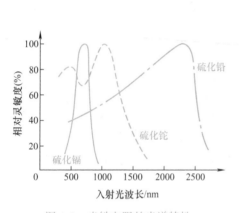

图4-3 光敏电阻的光谱特性

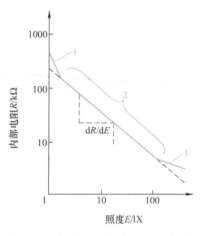

图4-4 光敏电阻的照度-电阻特性
1—低照度区 2—中间区 3—高照度区

4）温度特性。光敏电阻受温度的影响较大。当温度升高时，它的暗电阻和灵敏度都下降，同时，光谱特性曲线的峰值将向短波方向移动。响应于红外区的硫化铅光敏电阻，受温度的影响格外大；响应于可见光区的光敏电阻，受温度影响要小一些。这正是由于温度升高时，晶格振动加强，电子运动受阻，使电子从产生运动到阳极所需能量加大，向短波方向移动。因此，采取降温措施，可以提高光敏电阻对长波的响应。图4-5所示为硫化铅光敏电阻的光谱温度特性。

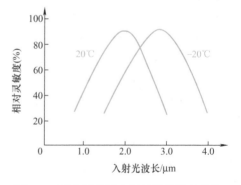

图4-5 硫化铅光敏电阻的光谱温度特性

5）光敏电阻的响应时间和频率特性。当光敏电阻受到脉冲光照射时，光电流要经过一段时间才能达到稳定值，而在停止光照后，光电流也不立刻为零，这表明光敏电阻中光电流的变化对于光照的变化具有一定的惯性，即在时间上有一个滞后，这就是光电导的弛豫现象，通常用响应时间表示，光敏电阻的时间响应曲线如图4-6所示。响应时间又分为上升时间t_1和下降时间t_2。

上升时间和下降时间是表征光敏电阻性能的重要参数之一。上升时间和下降时间短，表示光敏电阻的惰性小，对光信号响应快，频率特性好（这里所说的频率，不是入射光的频率，而是指入射光强度变化的频率）。一般光敏电阻的响应时间都较长（几十至几百毫秒）。光敏电阻的响应时间除了与元件的材料有关外，还与光照的强弱有关，光照越强响应时间越短。

由于不同材料的光敏电阻具有不同的响应时间，所以它们的频率特性也就不同，图4-7所示为两种光敏电阻的频率特性。硫化镉光敏电阻的灵敏度在100Hz时已经比恒定光通量下的灵敏度下降了$1/3 \sim 1/2$。硫化铅光敏电阻的灵敏度一直到5000Hz几乎不变，频率特性较好些。

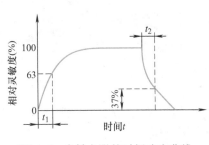

图4-6　光敏电阻的时间响应曲线

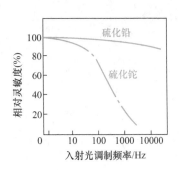

图4-7　光敏电阻的频率特性

3. 光敏电阻的变换电路

（1）基本偏置电路　基本偏置电路如图4-8所示。图4-8a为偏置电路，图4-8b为其等效电路。

设在某照度E_V下，光敏电阻的阻值为R，电导为g，光电导灵敏度为S_g，流过偏置电阻R_L的电流为I_L，则

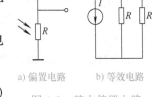

a) 偏置电路　　b) 等效电路

图4-8　基本偏置电路

$$I_L = \frac{U_{bb}}{R + R_L} \qquad (4\text{-}4)$$

用微变量表示为

$$dI_L = -\frac{U_{bb}}{(R + R_L)^2}dR \qquad (4\text{-}5)$$

因为$dR = d(1/g) = (-1/g^2)dg$，$dg = S_g dE_V$，设$i_L = dI_L$，$e_V = dE_V$，代入式(4-5)，经整理，得到偏置电阻R_L两端的输出电压为

$$u_L = R_L i_L = \frac{U_{bb}R^2 R_L S_g}{(R + R_L)^2}e_V \qquad (4\text{-}6)$$

从式(4-6)中可以看出，当电路参数确定后，输出电压信号的变化量与辐射入射照度e_V成线性关系。

（2）恒流偏置电路　在基本偏置电路中，当$R_L \gg R$时，流过光敏电阻的电流基本不变，此时的偏置电路称为恒流偏置电路。然而，光敏电阻自身的阻值已经很高，再满足恒流偏置的条件就难以满足电路输出阻抗的要求，为此，可引入晶体管恒流偏置电路，如图4-9所示。

稳压管 VS 使晶体管的基极电压稳定，即 $U_b = U_W$，恒流偏置电路的电压响应率 S_V 为

$$S_V = \frac{U_W}{R_e}R^2 S_g \tag{4-7}$$

光敏电阻在恒流偏置电路的输出电压响应率与光敏电阻阻值的二次方成正比，与光电导灵敏度成正比。采用高阻值的光敏电阻可获得高探测响应率。

（3）恒压偏置电路　利用晶体管很容易构成光敏电阻的恒压偏置电路，如图 4-10 所示。

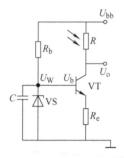

图 4-9　恒流偏置电路

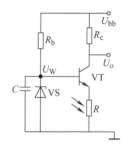

图 4-10　恒压偏置电路

稳压管 VS 将晶体管的基极电压稳定，即 $U_b = U_W$。晶体管处于放大工作状态时，$U_{be} = 0.7V$。因此，$U_b = U_W = U_{be}$，加在光敏电阻上的电压为恒定值。

光敏电阻在恒压偏置电路的情况下输出的电流 I_P 与处于放大状态的晶体管发射极电流 I_e 近似相等。因此，恒压偏置电路的输出电压为

$$U_o = U_{bb} - I_c R_c \tag{4-8}$$

取微分，则得到输出电压的变化量为

$$dU_o = -R_c dI_c = -R_c S_g U_W dE_V$$
$$u_o \approx R_c S_g U_W e_V \tag{4-9}$$

光敏电阻在恒压偏置电路的输出信号电压与光敏电阻的阻值无关。

【例 4-1】　在图 4-9 所示的恒流偏置电路中，已知电源电压 U_{bb} 为 12V，R_b 为 820Ω，R_e 为 3.3kΩ，晶体管的放大倍率不小于 80，稳压二极管的输出电压为 4V，光照度为 40lx 时输出电压为 6V，80lx 时为 8V（设光敏电阻在 30～100lx 之间的 γ 值不变）。

求：（1）输出电压为 7V 时的照度；（2）该电路的电压灵敏度（V/lx）。

解：根据已知条件，流过稳压管 VS 的电流为

$$I_W = \frac{U_{bb} - U_W}{R_b} = \frac{12V - 4V}{820Ω} \approx 9.6mA$$

$$I_e = \frac{U_W - U_{be}}{R_e} = \frac{4V - 0.7V}{3.3kΩ} = 1mA$$

晶体管发射极电流 I_e 满足稳压二极管的工作条件。

（1）根据题目给的条件，可得到不同光照下光敏电阻的阻值为

$$R_1 = \frac{U_{bb} - 6V}{I_e} = 6kΩ$$

$$R_2 = \frac{U_{bb} - 8V}{I_e} = 4kΩ$$

将 R_1 与 R_2 值代入 γ 值计算公式式(4-3)，得到光照度在 $40 \sim 80\mathrm{lx}$ 之间的值为

$$\gamma = \frac{\lg 6 - \lg 4}{\lg 80 - \lg 40} = 0.59$$

输出为 7V 时光敏电阻的阻值应为

$$R_3 = \frac{U_{bb} - 7V}{I_e} = 5\mathrm{k\Omega}$$

此时的光照度 γ 可由计算公式获得：

$$\gamma = \frac{\lg 6 - \lg 5}{\lg E_3 - \lg 40} = 0.59$$

$$\lg E_3 = \frac{\lg 6 - \lg 5}{0.59} + \lg 40 = 1.736$$

$$E_3 = 54.45\mathrm{lx}$$

（2）电路的电压灵敏度 S_V 为

$$S_V = \frac{\Delta U}{\Delta E} = \frac{7-6}{54.45 - 40}\mathrm{V/lx} = 0.069\mathrm{V/lx}$$

【例4-2】 在图4-10所示的恒压偏置电路中，已知 VS 为 2CW12 型稳压二极管，其稳定电压值为6V，设 $R_b = 1\mathrm{k\Omega}$，$R_c = 510\Omega$，晶体管的电流放大倍率不小于80，电源电压 $U_{bb} = 12\mathrm{V}$，当 CdS 光敏电阻光敏面上的照度为 $150\mathrm{lx}$ 时，输出电压为10V，照度为 $300\mathrm{lx}$ 时，输出电压为8V，试计算输出电压为9V时的照度（设光敏电阻在 $100 \sim 500\mathrm{lx}$ 间的 γ 值不变）为多少？照度到 $500\mathrm{lx}$ 时的输出电压为多少？

解：分析电路可知，流过稳压二极管的电流满足 2CW12 的稳定工作条件，晶体管的基极被稳定在6V。

设光照度为 $150\mathrm{lx}$（E_1）时的输出电流为 I_1，光敏电阻的阻值为 R_1，则

$$I_1 = \frac{U_{bb} - 10V}{R_c} = \frac{12-10}{510}\mathrm{mA} = 3.92\mathrm{mA}$$

$$R_1 = \frac{U_W - 0.7V}{I_1} = \frac{6-0.7}{3.92}\mathrm{k\Omega} = 1.4\mathrm{k\Omega}$$

同样，照度为 $300\mathrm{lx}$（E_2）时流过光敏电阻的电流 I_2 与电阻 R_2 为

$$I_2 = \frac{U_{bb} - 8V}{R_c} = 7.8\mathrm{mA}$$

$$R_2 = 680\Omega$$

由于光敏电阻在 $500 \sim 100\mathrm{lx}$ 间的 γ 值不变，因此该光敏电阻的 γ 值应为

$$\gamma = \frac{\lg R_1 - \lg R_2}{\lg E_2 - \lg E_1} = 0.66$$

当输出电压为9V时，设流过光敏电阻的电流为 I_3，阻值 R_3 为 900Ω，则

$$I_3 = \frac{U_{bb} - 9V}{R_c} = 5.88\mathrm{mA}$$

代入 γ 值计算公式式(4-3)，便可计算出输出电压为9V时的入射照度 E_3 为

$$\gamma = \frac{\lg R_2 - \lg R_3}{\lg E_3 - \lg E_2} = 0.66$$

$$\lg E_3 = \lg E_2 + \frac{\lg R_2 - \lg R_3}{0.66}$$

$$E_3 = 196\text{lx}$$

由 γ 值计算公式式(4-3) 可以求得 500lx 时光敏电阻的阻值 R_4 及晶体管的输出电流 I_4 为

$$R_4 = 214\Omega$$

$$I_4 = 24.7\text{mA}$$

而此时的输出电压 U_o 为

$$U_o = U_{\text{bb}} - I_4 R_4 = 6.7\text{V}$$

即在 500lx 的照度下恒压偏置电路的输出电压为 6.7V。

4. 电路设计的硬件结构

根据任务要求,火灾报警电路的硬件结构框图如图 4-11 所示,由传感器、信号处理电路、A－D 转换电路、单片机、声光报警电路及灭火系统等组成。

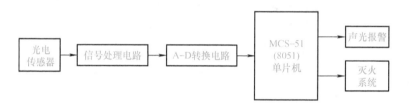

图 4-11　硬件结构框图

系统的基本工作过程是,经信号处理电路转化为电压变化,经放大处理后由 A－D 转换电路转换成数字量送 CPU 进行声光报警并启动灭火系统。

4.1.3　任务实施

1. 电路原理

上述系统的重点在于传感器和信号处理部分,其他部分是为了提高系统的自动化水平及人机交互界面,这里主要讨论传感器及信号处理电路。

根据光敏电阻的光照特性和光谱特性,采用硫化铅光敏电阻为探测元件。硫化铅光敏电阻的暗电阻为 1MΩ,亮电阻为 0.2MΩ,峰值响应波长为 2.2μm,在红外光区,符合火焰探测要求。

为了长时间使用或在更换光敏电阻后,元件阻值的变化不致影响输出信号的幅度,保证火灾报警器能长期稳定的工作,采用恒压偏置电路。

火灾报警电路如图 4-12 所示。硫化铅光敏电阻位于 VT_1 管的恒压偏置电路,其偏置电压约为 6V,电流约为 6μA。VT_1 管集电极电阻两端并联 68nF 电容,可抑制 100Hz 以上的高频,使其成为只有几十赫兹的窄频放大器。VT_2、VT_3 构成两级负反馈互补放大器,信号经晶体管放大后经 A－D 转换送给控制中心进行系列处理。

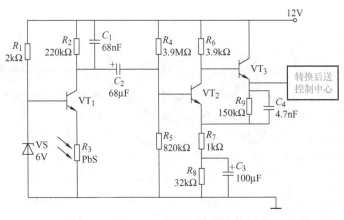

图4-12 火灾报警电路

2. 调试

检测光敏电阻好坏的方法如下：

1）用一张黑纸片将光敏电阻的透光窗口遮住，此时万用表的指针基本保持不动，阻值接近无穷大。此值越大，说明光敏电阻性能越好。若此值很小或接近为零，说明光敏电阻已烧穿损坏，不能再继续使用。

2）将一光源对准光敏电阻的透光窗口，此时万用表的指针应有较大幅度的摆动，阻值明显减小，此值越小说明光敏电阻性能越好。若此值很大甚至无穷大，表明光敏电阻内部电路损坏，不能再继续使用。

3）将光敏电阻透光窗口对准入射光线，用小黑纸片在光敏电阻的遮光窗上部晃动，使其间断受光，此时万用表指针应随黑纸片的晃动而左右摆动。如果万用表指针始终停在某一位置不随纸片晃动而摆动，说明光敏电阻的光敏材料已经损坏。

4.1.4 任务总结

通过本任务的学习，应掌握如下知识重点：①光敏电阻的结构特点和参数特性；②光敏电阻传感器的工作原理；③光敏电阻的常用配置电路。

通过本任务的学习，应掌握如下实践技能：①能正确分析、制作与调试光敏电阻传感器应用电路；②掌握光敏电阻传感器的工作原理、选型。

任务2　光电二极管在路灯控制器中的应用

4.2.1 任务目标

素质目标：培养节能减排意识和社会责任感。

通过本任务的学习，掌握光电二极管的基本原理、主要特性参数，依据所选择的光电二极管设计接口电路，并完成电路的制作与调试。

设计一路灯光控电路，采用光电二极管感应日光，当有足够光强时，路灯熄灭，光强不足时, 路灯自动开启。

4.2.2 任务分析

传统的路灯属于城市照明控制系统, 开关灯是统一人工调节, 耗时耗力, 且遇到天气剧变等突发状况时应变能力不足。若采用光控电路, 能根据光照自动调节路灯开闭, 就可以节约人工和电力, 遇到意外天气也能自动开启照明。

光照度检测采用光电二极管器件。光电二极管是一种将光能量变换为电能量的器件, 其优点是线性好, 响应速度快, 对宽范围波长的光具有较高的灵敏度, 噪声低, 小型轻量以及耐振动与冲击等; 缺点是输出电流小, 主要用于光度计、照度计、摄像机、频闪灯等。

光电二极管是基于半导体的光生伏特效应原理工作的, 即在光照射下, 半导体材料吸收光子能量使电子激发。若能量大于禁带宽度的光子照射在 PN 结空间电荷区附近, 在结两边产生电子—空穴对。这些光生载流子在 PN 结内建电场作用下, 各自向相反方向运动, 即 P 区的电子穿过 PN 结进入 N 区, N 区的空穴进入 P 区, 形成自 N 区向 P 区的光生电流。载流子的运动中和部分空间电荷, 使内电场势垒降低, 从而使正向电流增大。当光生电流和正向电流相等时, PN 结两端建立起稳定的电动势差 (P 区相对于 N 区是正的), 这就是光生电压。当入射光的强度发生变化时, 光生载流子的多少也相应发生变化, 因而通过光电二极管的电流也随之变化, 于是在光电二极管两端的电压也发生变化, 光电二极管就这样将光信号变为电信号。

光电二极管的种类很多, 主要有 PN 光电二极管、PIN 光电二极管、雪崩型光电二极管等。PN 光电二极管对紫外线到红外线的宽范围波长的光具有较高的灵敏度, 光电流与入射光强度的线性好, 对微弱光也有较高的灵敏度, 但响应速度比 PIN 光电二极管慢。

光电二极管的入射光量与光输出电流具有良好的线性关系, 但光电流很小, 为微安级; 响应速度快, 适用于高频响应的场合, 响应时间一般在几百纳秒以下; 光谱灵敏度波长范围广, 适用于紫外线 (20nm)、可见光 (550nm)、近红外线 (1100nm) 的波长范围; 输出误差小, 约 ±20% 以内; 温度变化对输出影响小, 在 ±0.8% 以内。

1. 光电二极管的结构及原理

光电二极管的结构与一般二极管相似, 如图 4-13 所示。它装在透明玻璃外壳中, 其 PN 结装在管的顶部, 可以直接受到光照射。光电二极管在电路中一般是处于反向工作状态, 在没有光照射时, PN 结反偏截止, 反向电阻很大, 反向电流很小, 该反向电流称为暗电流。当光照射在 PN 结上时, 光子打在 PN 结附近, 使 PN 结附近产生光生电子和光生空穴对, 它们在 PN 结处的内电场作用下做定向运动, 形成光电流。光的照度越大, 光电流越大。因此光电二极管在不受光照射时, 处于截止状态; 受光照射时, 处于导通状态。图 4-14 为几种光电二极管的封装形式。

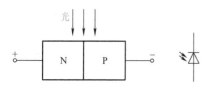

图 4-13　光电二极管结构简图和符号

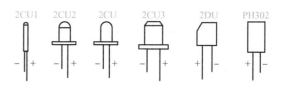

图 4-14　几种光电二极管的封装形式

2. 光电二极管的主要特性

（1）伏安特性 伏安特性指在一定光照下，光电二极管中流过的电流与所承受的电压间的关系曲线。图4-15给出了光电二极管的3条伏安特性曲线，曲线1为无光照时的特性，曲线2为中等光照时的特性，曲线3为强光照时的特性。

由曲线可知，无光照时，光电二极管的特性与普通二极管的一样。有光照时，光电二极管的反向电流增大，光强越大，反向电流越大，增大幅度与光照强度成正比。当光照强度一定时，光电二极管的反向电流是基本不变的，与反向电压的大小无关。

（2）光谱特性 光谱特性指光电二极管对不同波长的入射光有不同的灵敏度。例如，硅光电二极管的光谱响应波长为 $0.4 \sim 1.1 \mu m$，峰值波长为 $0.88 \sim 0.94 \mu m$，如图4-16所示，这恰好与砷化镓发光二极管的波长相重合，两者配合可得到较高的接收灵敏度。

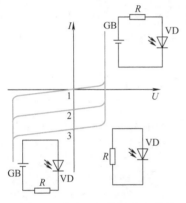

图4-15 光电二极管的伏安特性

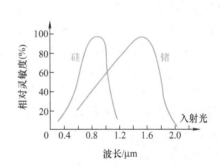

图4-16 光电二极（晶体）管的光谱特性

光电二极管和光电晶体管的光谱特性如图4-16所示。从曲线可以看出，硅的峰值波长约为 $0.9 \mu m$，锗的峰值波长约为 $1.5 \mu m$，此时灵敏度最大，而当入射光的波长增加或缩短时，相对灵敏度也下降。一般来讲，锗管的暗电流较大，因此性能较差，故在可见光或探测赤热状态物体时，一般都用硅管。但对红外光进行探测时，则锗管较为适宜。

（3）温度特性 光电二极管的温度特性是指其暗电流及光电流与温度的关系。光电二极管的温度特性如图4-17所示。从特性曲线可以看出，温度变化对光电流影响很小，而对暗电流影响很大，所以在电子电路中应该对暗电流进行温度补偿，否则将会导致输出误差。

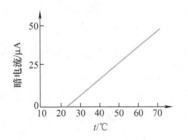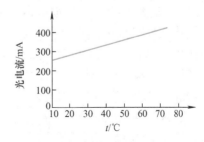

图4-17 光电二极管的温度特性

（4）光电二极管的主要参数

1）光电流 I_L。它是指在最高工作电压下，入射光强为某一定值时流过二极管的电流，一般希望此值越大越好。光电二极管的光电流一般为几十微安，并与入射光强成正比。

2）暗电流 I_D。暗电流是指光电二极管在无光照时和最高工作电压下通过光电二极管 PN 结测得的反向漏电流，暗电流小的光电二极管工作性能稳定，检测弱光信号的能力强。一般在 50V 反向电压下，I_D 小于 $0.1\mu A$。

3）反向工作电压。它是指无光照条件下，光电二极管在反向电流小于 $0.2 \sim 0.3\mu A$ 时，所能承受的最高反向电压，此值越高，光电二极管性能越稳定。反向工作电压一般在 10V 左右，最高可达几十伏。

4）峰值波长 λ_P。它是指光敏二极管光谱响应最灵敏的波长范围。

3. 光电二极管的基本应用电路

图 4-18 是光电二极管单个使用的电路，其中，图 4-18a 是负载较大的情况，而图 4-18b 是负载较小的情况。图 4-18a 的输出电压比图 4-18b 的大，响应特性比图 4-18b 的慢，但与无偏置电路相比，图 4-18a 电路响应特性好，暗电流大。

图 4-19 是光电二极管与晶体管组合应用电路，可用于实现脉冲光检测。图 4-19a 为典型的集电极输出电路形式，而图 4-19b 为典型的发射极输出电路形式。图 4-19a 中集电极输出电路适用于脉冲入射光电路，输出信号与输入信号的相位相反，输出信号一般较大。没有脉冲光时，二极管反向电流很小，晶体管截止；当有脉冲光时，二极管反向电流很大，晶体管饱和导通。

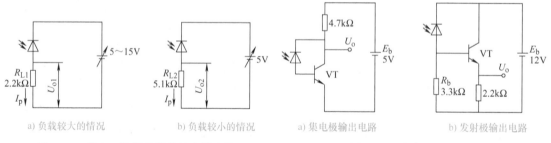

| a) 负载较大的情况 | b) 负载较小的情况 | a) 集电极输出电路 | b) 发射极输出电路 |

图 4-18　光电二极管最简单的应用电路　　　　图 4-19　脉冲光检测电路

而发射极输出电路适用于模拟光信号检测电路，电阻 R_b 可以减小暗电流，输出信号与输入信号的相位相同，输出信号一般较小。当光照较弱时，二极管反向电流很小，晶体管截止；当光照较强时，二极管反向电流很大，二极管饱和导通。

图 4-20 是光电二极管 VD 与运算放大器 A 组成的光照度测量电路。图 4-20a 为无偏置电路，可以用于测量宽范围的入射光，但响应特性差。图 4-20b 为有反向偏置的电路，可用反馈电阻 R_f 调整输出电压，如果 R_f 用对数二极管替代，则可以输出对数压缩的电压。反向偏置电路的响应速度快，输出信号与输入信号同相位。

图 4-21 是光电二极管的其他应用电路，其中，图 4-21a 为光通量均衡电路，作为位置检测传感器使用，采用双光电二极管，A_1 的输出为 VD_1 和 VD_2 的差分放大信号。图 4-21b 是采用场效应晶体管 VF 的调制光传感器电路，用于光控电路，响应速度快，噪声低，它是一种调制光等的交流专用放大器，但不适合于模拟信号电路中。

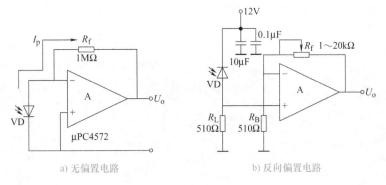

图 4-20 光照度测量电路

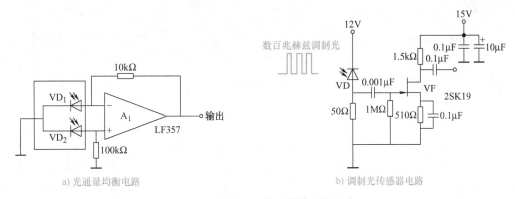

图 4-21 光电二极管的其他应用电路

4.2.3 任务实施

1. 电路原理

路灯的光控电路种类很多, 本电路无论白天或晚上, 其工作电流不大于 1mA, 耗能较低。工作原理电路如图 4-22 所示, 它由光电转换部分、与非门、微分电路及控制电路组成。当有光照时, 光电二极管 VD_1 导通, a 点电位达到与非门 YF_1 的开门电平, 输出端 b 点为低电平, YF_2 输出高电平, 经 C_1 与 R_5 组成的微分电路, 在 c 点输出一正尖峰脉冲, 使晶体管 VT_1 导通, J_1 瞬时吸合 (随即释放)。常闭触点 J_{1-1} 断开, CJ_1 断电释放, 其自保触点 CJ_{1-1} 断开, 路灯熄灭。当晚上无光时, a 点为低电平, b 点为高电平, 经 YF_3 与 YF_4 及由 C_2 和 R_6 组成的另一微分电路, 在 d 点上又产生一正脉冲, 使晶体管 VT_2 导通, J_2 瞬间吸合 (随即释放)。常开触点 J_{2-1} 闭合, CJ_1 吸合, CJ_{1-1} 自保, 灯被打开。由于 J_1 与 J_2 采用了瞬间吸合的方法, 所以电路的功耗很小。

2. 元器件选择

与非门采用 CMOS 片 C036, 它是一块 2 输入 4 与非门。晶体管 VT_1、VT_2 用 3DG 型硅管, β 值应大于 80。光电二极管 VD_1 用 2CU 型。继电器 J_1、J_2 选用工作电压在 6V 左右的高、中灵敏度继电器。交流接触器 CJ_1 可视所带路灯数目而定。

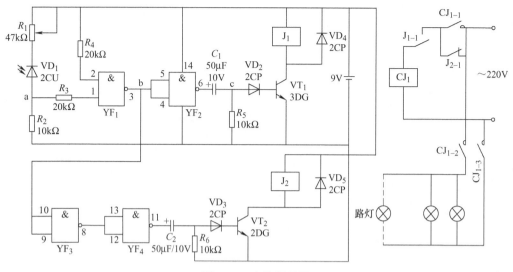

图 4-22   电路原理图

3. 调试

光电二极管的简单测试通常有两种方法：电阻测量法和电压测量法。

（1）电阻测量法   对于金属壳封装的光电二极管，金属下面有一个凸块，与凸块最近的那只引脚为正极，另一只引脚则是负极。有些光电二极管标有色点的一只引脚为正极，另一只引脚则是负极。另外，还有的光电二极管的两只引脚不一样，长引脚为正极，短引脚为负极。对长方形的光电二极管，往往做出标记角，指示受光面的方向为正极，另一方向为负极。

将万用表置于 $R \times 1k$ 档，无光照时（测试时用物体将光电二极管挡住），可测得其正向电阻应在 $10 \sim 20 k\Omega$ 间，其反向电阻接近无穷大；若不是无穷大，则表明漏电流大。此时反向电阻至少应在 $500 k\Omega$ 以上。反向电阻有光照时（在较强日光或灯光下），反向电阻越小越好，一般应在 $20 k\Omega$ 以下。此时若反向电阻为无穷大或为 0，说明管子是坏的。

（2）电压测量法   一般用万用表电压档的 0.5V 或 1V 档测量，万用表的 "+" "−" 表笔分别与光电二极管的 "+" "−" 极相连，在光照下，电压表指示一般应是 $0.3 \sim 0.4V$。

4.2.4   任务总结

通过本任务的学习，应掌握如下知识重点：①光电二极管的基本原理；②光电二极管的基本特性参数；③光电二极管的基本应用电路。

通过本任务的学习，应掌握如下实践技能：①能正确分析、制作与调试光电二极管应用电路；②掌握光电二极管的工作原理、选型。

任务3   热释电型红外传感器在人体探测报警中的应用

4.3.1   任务目标

素质目标：培养遵纪守法的意识、健全人格和创新精神。

通过本任务的学习，掌握热释电型红外传感器的结构、基本原理，依据所选择的传感器设计接口电路，并完成电路的制作与调试。

设计一人体探测报警器，主要用于防盗报警和安全报警（防止人误入危险区）。

4.3.2 任务分析

热探测器的主要优点：响应波段宽，可以在室温下工作（只研究室温热探测器），使用简单。但热探测器响应慢，灵敏度较低，一般用于低频调制场合。

热探测器是利用入射红外辐射引起探测器的温度变化，然后利用元件的某种温度敏感特性把温度变化转换成相应的电信号；或者利用元件的某种温度敏感特性来调制电路中的电流的大小，从而得到相应的电信号，由此达到探测红外辐射的目的。

用红外线作为检测媒介来测量某些非电量，比可见光作为媒介的检测方法要好，其优越性表现在：

1）红外线（指中、远红外线）不受周围可见光的影响，故可昼夜进行测量。

2）由于待测对象发射出红外线，故不必设光源。

3）大气对某些特定波长范围的红外线吸收甚少（ $2 \sim 2.6 \mu m$ 、 $3 \sim 5 \mu m$ 、 $8 \sim 14 \mu m$ 三个波段称为"大气窗口"），故适用于遥感技术。

红外线检测技术广泛应用于工业、农业、水产、医学、土木建筑、海洋、气象、航空和宇航等各个领域。红外线应用技术从无源传感发展到有源传感（利用红外激光器）。红外图像技术，从以宇宙为观察对象的卫星，到观察很小物体（如半导体器件）的红外显微镜，应用非常广泛。

红外传感器按其工作原理可分为两类：量子型及热型。热型红外光电元件的特点是：灵敏度较低，响应速度较慢，响应的红外线波长范围较宽，价格比较便宜，能在室温下工作。量子型红外光电元件的特性则与热型正好相反，一般必须在冷却条件（77K）下使用。这里介绍热释电型红外传感器的应用，它是目前用得最广的红外传感器。

热释电型
红外传感器

1. 热释电型红外传感器原理

（1）红外辐射原理 红外辐射俗称红外线，它是一种人眼看不见的光线。但实际上它和可见光一样，也是一种客观存在的物质。红外线是电磁波谱中的一个波段，它处于微波波段与可见光波段之间。凡波长位于 $0.78 \sim 100 \mu m$ 的电磁波都属于红外波段。由于其波长比可见光中的红光波长要长，是处于可见光红色光谱外侧的位置，故有红外线之称。电磁波波谱如图 4-23 所示。

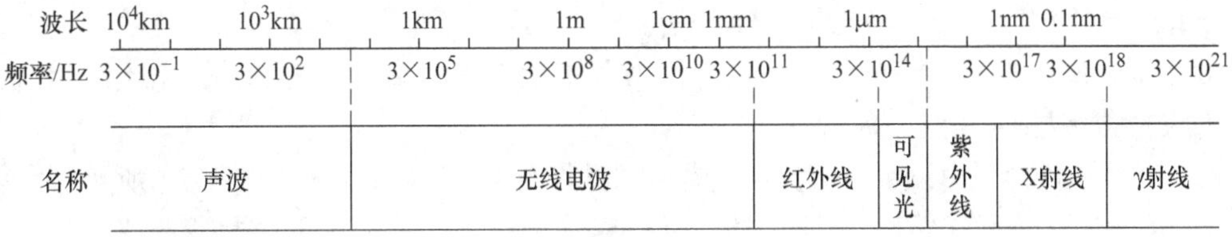

波长	$10^4 km$		$10^3 km$		1km		1m		1cm	1mm		$1 \mu m$			1nm	0.1nm	
频率/Hz	3×10^{-1}		3×10^2		3×10^5		3×10^8		3×10^{10}	3×10^{11}		3×10^{14}			3×10^{17}	3×10^{18}	3×10^{21}
名称	声波				无线电波				红外线		可见光	紫外线		X射线		γ射线	

图 4-23 电磁波波谱

根据红外线的波长不同，又可将红外波段分为近红外、中红外、远红外和远远红外几个分波段。这里所说的远近是指红外辐射在电磁波谱中与可见光的距离。

红外辐射的物理本质是热辐射。任何物体，只要它的温度高于绝对零度（-273℃），就会向外部空间以红外线的方式辐射能量，一个物体向外辐射的能量大部分是通过红外线辐射这种形式来实现的。物体的温度越高，辐射出来的红外线越多，辐射的能量就越强。

另一方面，红外线被物体吸收后也可以转化成热能。红外线作为电磁波的一种形式，红外辐射和所有的电磁波一样，是以波的形式在空间直线传播的，并具有电磁波的一般特性，如反射、折射、散射、干涉和吸收等。红外线在真空中传播的速度等于波的频率与波长的乘积。

研究发现，太阳光谱各种单色光的热效应从紫色光到红色光是逐渐增大的，而且最大的热效应出现在红外辐射的频率范围内，因此人们又将红外辐射称为热辐射或热射线。波长在 $0.1 \sim 1000 \mu m$ 的电磁波被物体吸收时，可以显著地转变为热能。可见，载能电磁波是热辐射传播的主要媒介物。

凡是存在于自然界的物体，如人体、火焰及冰等都会放射出红外线，只是其放射的红外线的波长不同而已。人体的温度为 $36 \sim 37℃$，所放射的红外线波长为 $9 \sim 10 \mu m$（属于远红外线区），加热到 $400 \sim 700℃$ 的物体，其放射出的红外线波长为 $3 \sim 5 \mu m$（属于中红外线区）。红外传感器可以检测到这些物体发射出的红外线，用于测量、成像或控制。

(2) 热释电效应　若使某些强介电常数物质的表面温度发生变化，随着温度的上升或下降，在这些物质表面上就会产生电荷的变化，这种现象称为热释电效应，是热电效应的一种。

这种现象在钛酸钡之类的强介电常数物质材料上表现得特别显著。在钛酸钡一类的晶体上下表面设置电极，在上表面加以黑色膜，若有红外线间歇地照射，其表面温度上升 ΔT，其晶体内部的原子排列将产生变化，引起自发极化电荷 ΔQ。设元件的电容为 C，则该元件两电极的电压 $U = \Delta Q / C$。

热释电元件不能像其他光敏元件那样连续地接受光照，因为极化电荷在元件表面不是永存的，只要一出现，很快就会与环境中的电荷中和，或者漏泄。所以，必须将入射光调制成脉冲光，使热释电元件断续地接受光照，使其表面电荷周期性地出现，根据取出的交变电信号的幅值检测光强。

2. 热释电型红外传感器的材料及结构

(1) 热释电红外光电元件的材料　热释电红外光电元件的材料较多，其中以陶瓷氧化物及压电晶体用得最多。例如：陶瓷材料 $PbTiO_3$ 性能较好，用它制成的红外传感器已用于人造卫星地平线检测及红外线辐射温度检测。钽酸锂（$LiTaO_3$）、硫酸三甘肽（LATGS）及钛锆酸铅（PZT）制成的热释电型红外传感器目前用得极广。

近年来开发的具有热释电性能的高分子薄膜聚偏二氟乙烯（PVF_2），已用于红外成像元件、火灾报警传感器等。

(2) 热释电型红外传感器的结构　热释电型红外传感器的结构如图 4-24 所示，由敏感元件、场效应晶体管、高阻值电阻、滤光片等组成，并向壳内充入氮气封装起来。

敏感元件用红外线热释电材料（如 PZT 等）制成很小的薄片，再在薄片两面镀上电极，构成两个反向串联的有极性的小电容（采用双元件红外敏感元件），且受光面加上黑色膜。这样，当入射红外线顺序地照射到两个元件时，由于是两个元件反向串联，其输出是单元件

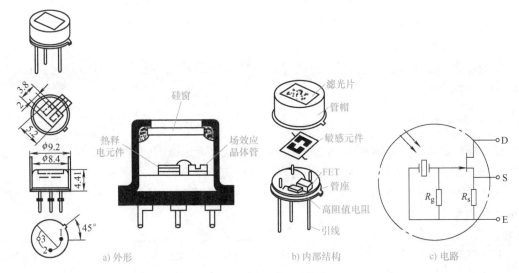

图 4-24　热释电型红外传感器

的 2 倍,对于同时输入的红外线所产生的热释电效应会相互抵消。因此,双元件红外敏感元件结构可以防止因太阳光等红外线所引起的误差或误动作,而且由于周围环境温度的变化影响整个敏感元件产生温度变化,两个元件上的热释电信号互相抵消,起到温度补偿作用。

热释电红外敏感元件的内阻极高(可达 $10^{13}\Omega$),同时其输出电压信号又极微弱,因此需要进行阻抗变换和信号放大才能应用,否则不能有效地工作。热释电型红外传感器电路如图 4-24c 所示。场效应晶体管用来构成源极跟随器;高阻值电阻 R_g 的作用是释放栅极电荷,使场效应晶体管安全正常工作;R_s 为负载电阻,有的传感器内无 R_s,需外接。源极输出接法时,源极电压为 $0.4 \sim 1.0V$。

一般热释电型红外传感器在 $0.2 \sim 20\mu m$ 光谱范围内的灵敏度曲线是相当平坦的。由于不同检测需要,要求光谱响应范围向狭窄方向发展,因此采用不同材料的滤光片作为窗口,使其有不同用途。如用于人体探测和防盗报警的热释电型红外传感器,为了使其对人体最敏感,要求滤光片能有效地选取人体的红外辐射。

根据维恩位移定律,对于人体体温,其辐射的峰值波长为 $\lambda_m = (2898/309)\mu m = 9.4\mu m$,也就是说,人体辐射在 $9.4\mu m$ 处最强,滤光片选取 $7.5 \sim 14\mu m$ 波段。

由于热释电敏感元件材料的介电常数很大,在等效电路中相当于 RC 并联阻抗,因此它的灵敏度和入射光的调制频率有关,频率过高,灵敏度将降低。此外,热释电材料的居里温度 T_c(铁电性与反铁电性转换温度)是限制使用温度的重要因素。硫酸三甘肽的 $T_c = 49℃$,而锆钛酸铅 $T_c = 360℃$,钽酸锂 $T_c = 660℃$。

3. 菲涅耳透镜

菲涅耳透镜是一种由塑料制成的特殊设计的光学透镜,它用来配合热释电型红外传感器,以达到提高接收灵敏度的目的。实验证明,若传感器不加菲涅耳透镜,其检测距离仅 2m 左右(检测人体走过),而加菲涅耳透镜后,其检测距离增加到 10m 甚至更远。

透镜的工作原理是移动物体或人发射的红外线进入透镜,产生一个交替的"盲区"和

"高灵敏区"，这样就产生了光脉冲。透镜由很多"盲区"和"高灵敏区"组成，则物体或人体的移动就会产生一系列的光脉冲而进入传感器，从而提高接收灵敏度。物体或人体移动的速度越快，灵敏度就越高。

菲涅耳透镜呈圆弧状，其焦距正好对准传感器的敏感元件中心。菲涅耳透镜的应用如图 4-25 所示。

4. 红外报警器的硬件结构

红外报警器能探测人体发出的红外线，当人进入报警区域内，即可发出报警声，适用于家庭、办公室、仓库、实验室等场合的防盗报警和安全报警。

红外报警器的硬件结构框图如图 4-26 所示，由传感器、放大滤波电路、比较器、驱动电路及蜂鸣器、电动机、继电器等构成。

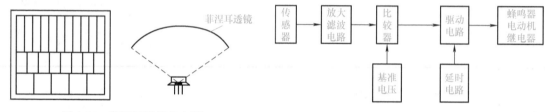

图 4-25　菲涅耳透镜的应用　　　　　图 4-26　硬件结构框图

传感器接收到人体移动发出的脉冲信号后，将其转换为电压信号，然后经放大滤波，再经过比较器获得输出，然后通过驱动电路启动相应的报警装置工作。

4.3.3　任务实施

双元型红外传感器，是一种新型热释电型红外传感器，专门用来检测人体辐射的红外线能量，目前已广泛应用于国际安全防御系统、自动控制、告警系统等。目前，市场上常见的热释电型红外传感器有国产的 SD02、PH53243。由于常用的热释电敏感材料的阻抗值高达 $10^{13}\Omega$，因此要用场效应晶体管进行阻抗变换。在 SD02 中一般采用 2SK303V3 等构成源极跟随器，高阻抗电阻起释放栅极电荷的作用。一般在源极输出接法下，源极电压为 $0.4 \sim 1.0V$。

红外报警器的检测电路如图 4-27 所示。

检测、放大及比较电路：由热释电型红外传感器 SD02 及滤波放大器 A_1、A_2 等组成。R_2 为 SD02 的负载，传感器的信号经 C_2 耦合到 A_1 上。运放 A_1 组成第一级滤波放大电路，它是一个具有低频放大倍数为 $AF_1 = R_6/R_4 = 27$ 的低通滤波器，其截止频率 $f_{01} = \frac{1}{2}\pi R_6 R_4 = 1.25Hz$。$A_2$ 也是一个低通放大器，其低频放大倍数为 $AF_2 = R_{10}/R_7 = 150$，截止频率为 $0.23Hz$。经过两级放大后，$0.2Hz$ 左右的信号被放大 4050 倍左右。

R_1、C_1 为退耦电路；R_3、R_5 为偏置电路，将电源的一半作为静态值，使交流信号在静态值上下变化。经 A_1 放大的信号经过电容 C_5 耦合后输入放大器，A_2 在静态时输出约为 DC4.5V，C_3、C_9 为退耦电容。

比较器电路：调节 RP，使比较器同相端电压在 $2.5 \sim 4V$ 之间变化。在无报警信号输入时，比较器反相端电压大于同相端，比较器输出为低电平；当有人进入时，比较器翻转，输

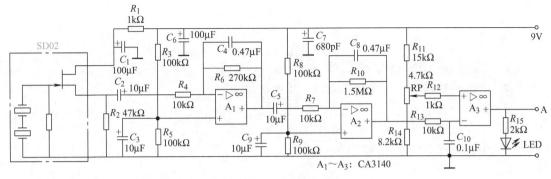

a) 检测、放大及比较电路

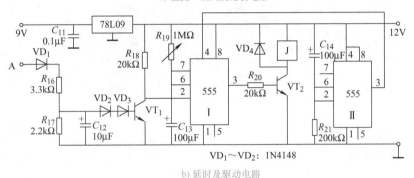

VD₁～VD₂: 1N4148

b) 延时及驱动电路

图4-27 红外报警器的检测电路

出为高电平,LED亮;当人体运动时,则输出一串脉冲。

驱动电路:VT_1、555 I 和 VT_2 组成驱动电路。当 A 端输入一个脉冲时,C_{12} 将少量充电,若没有再来脉冲,则 C_{12} 将通过 R_{17} 放电;若有人在报警区内移动,则会产生一串脉冲,使 C_{12} 不断充电,当达到一定电压时,使 VT_1 导通,输出一个低电平。这个低电平输入由 555 I 组成的单稳态电路的 2 脚,使 555 I 触发,3 脚输出高电平,从而使 VT_2 导通,使继电器吸合,从而控制报警器。单稳态的暂态时间由 R_{19} 及 C_{13} 决定,调节 R_{19} 可改变暂态时间,即报警时间。

延时电路:555II 组成延时电路。当接通电源的瞬间,555II 的 2、6 脚处于高电平(C_{14} 来不及充电),其 3 脚输出为低电平,3 脚与 555I 的 4 脚相连,所以刚通电瞬间,555I 的 4 脚为低电平,单稳态电路不能工作。延时时间取决于 C_{14} 及 R_{21}。在这一段延时时间内,若有人在报警区内移动而不能报警。延时结束后,555II 的 3 脚为高电平,555I 即能正常工作。

电路调整:调整电位器 RP,可调节报警器的灵敏度;调节 R_{19},可调节报警时间的长短。

4.3.4 任务总结

通过本任务的学习,应掌握如下知识重点:①热释电型红外传感器的结构、基本特性;②热释电型红外传感器的工作原理。

通过本任务的学习,应掌握如下实践技能:①能正确分析、制作与调试热释电型红外传感器应用电路;②掌握热释电型红外传感器的工作原理、选型。

复习与训练

4-1 光电效应有哪几种？与之对应的光电元件有哪些？请简述其特点。

4-2 光敏传感器可分为哪几种类型？其代表元件有哪些？

4-3 简述光敏电阻与光电二极管的异同。

4-4 举例说明光电传感器的实际应用。

4-5 说明热释电型红外传感器的工作原理。

项目5

物位传感器的应用

任务1   霍尔接近开关在电机转速测试中的应用

5.1.1   任务目标

素质目标：培养敬业奉献精神和安全生产意识。

通过本任务的学习，理解物位传感器的测量原理，掌握霍尔接近开关、干簧管的结构、基本原理，设计霍尔接近开关测量电路，并完成电路的制作与调试。

设计一个利用磁铁与霍尔元件组成的测试转速的测控系统。

5.1.2   任务分析

物体的位置简称为物位，物位包括料位和液位。物位检测与控制广泛应用于航空航天技术、机床、储料以及其他工业生产的过程控制中。物位传感器是能感受物位（液位、料位）并转换成可用输出信号的传感器，可分为两类：一类是连续测量物位变化的连续式物位传感器；另一类是以点测为目的的开关式物位传感器，即物位开关。目前，开关式物位传感器比连续式物位传感器应用广，主要用于过程自动控制的门限、溢流和空转防止等。

开关式位置传感器是利用位置传感器对接近物体的敏感特性，控制开关通、断电的一种装置。根据被检测物体的特性不同，依据不同的原理和工艺做成了各种类型的接近开关，如行程开关、电感式接近开关、电容式接近开关、磁敏接近开关、光电式电子开关、超声波式电子开关等。本任务中主要介绍磁敏接近开关，这类开关是利用导体和磁场发生相对运动产生电动势，它不需要辅助电源就能把被测对象的机械量转换成易于测量的电信号，属于有源传感器。磁敏接近开关主要包括霍尔接近开关和干簧管接近开关。

1. 霍尔接近开关

霍尔接近开关是利用霍尔效应原理将被测物理量转换成电动势输出的一种传感器，主要被测物理量有电流、磁场、位移、压力和转速等。优点是结构简单、体积小、坚固耐用、频率响应宽、动态输出范围大、无触点、使用寿命长、可靠性高、易于微型化和集成电路化、易于与计算机或 PLC 配合使用。缺点是转换率较低，受温度影响较大，在要求转换准确度较高的场合必须进行温度补偿。

（1）霍尔接近开关的工作原理　如图 5-1 所示，将一块半导

霍尔传感器

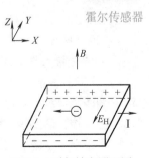

图 5-1　霍尔效应原理图

体或导体材料，沿 Z 方向加以磁场 B，沿 X 方向通以工作电流 I，则在 Y 方向产生出电动势，这种现象称为霍尔效应。霍尔效应产生的电动势称为霍尔电动势（用 E_H 表示）。作用在半导体薄片上的磁场强度 B 越强，霍尔电动势越高。这种半导体薄片称为霍尔元件。

霍尔电动势大小为

$$E_H = K_H IB \tag{5-1}$$

式中，K_H 为霍尔元件的灵敏度。

若磁感应强度 B 不垂直于霍尔元件，而是与其法线成某一角度 θ 时，实际作用于霍尔元件上的有效磁感应强度是其法线方向（与薄片垂直的方向）的分量，即这时的霍尔电动势为

$$E_H = K_H IB\cos\theta \tag{5-2}$$

霍尔接近开关工作原理电路如图 5-2 所示，当磁性物体靠近霍尔元件时，霍尔元件产生电动势 E_H，与基极直流电压叠加使晶体管 VT 饱和导通，其集电极的继电器吸合或光电耦合器工作，使霍尔接近开关动作，改变电路原来的通、断状态，即接通或断开电路。需要注意的是，霍尔接近开关检测的对象必须是磁性物体。

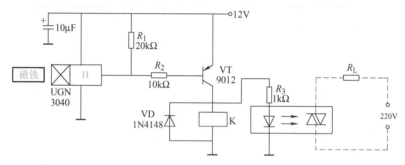

图 5-2　霍尔接近开关工作原理电路

（2）霍尔接近开关的分类　霍尔接近开关按被测量的性质可分成电量型（电流型、电压型）和非电量型（开关型和线性型）两大类。

按照霍尔元件的功能可将它们分为霍尔线性元件和霍尔开关元件。前者输出模拟量，后者输出数字量。按被检测对象的性质又可将霍尔开关的应用分为直接应用和间接应用。

（3）霍尔接近开关的特点

1）霍尔接近开关为非接触检测，不影响被测物的运动状况；无机械磨损和疲劳损伤，工作寿命长。

2）霍尔接近开关为电子元件，响应快（一般响应时间可达几毫秒或几十毫秒）。

3）霍尔接近开关采用全封闭结构，防潮、防尘，可靠性高且维护方便。

4）霍尔接近开关可以输出标准电信号，易与计算机或 PLC 配合使用。

（4）霍尔接近开关的应用

1）气缸活塞运动位置测量。图 5-3 为气缸活塞运动位置的测量、控制元件实物。在气缸活塞的两端部装上磁性物质（如磁铁），在气缸两端安装霍尔接近开关（也称磁性开关）即可检测、控制活塞运动的极限位置。

在机械手的手臂上安装两个磁极，磁极与霍尔接近开关处于同一水平面上，如图 5-4 所示。当磁铁随机械手运动到距霍尔接近开关几毫米时，霍尔接近开关工作，驱动电路使控制

机械手动作的继电器或电磁阀释放，控制机械手停止运动，起到限位的作用。

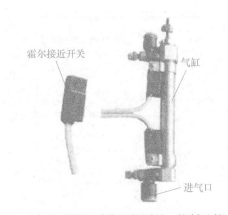

图5-3　气缸活塞运动位置的测量、控制元件实物

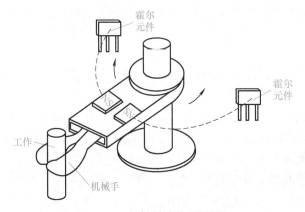

图5-4　机械手臂位置测量

2）转盘（转轴）的速度测量。在转盘上均匀地固定几个小磁铁，如图5-5所示，当转盘转动时，固定在转盘附近的霍尔接近开关便可在每一个小磁铁通过时产生一个相应的脉冲，检测出单位时间内脉冲数即频率，结合转盘上小磁铁的数目便可测定转盘的转速。

图5-5　转盘速度测量

2. 干簧管

干簧管（Reed Switch）也称舌簧管或磁簧开关，是一种磁敏的特殊开关，是干簧继电器和干簧管接近开关的主要部件。**干簧管比一般机械开关结构简单、体积小、速度快、工作**

寿命长；而与电子开关相比，它又有抗负载冲击能力强等特点，工作可靠性很高。

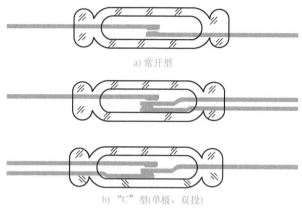

a) 常开型

b) "C" 型(单极、双投)

图 5-6　干簧管结构图

（1）结构原理　干簧管通常有由两个软磁性材料做成的、无磁时断开的金属簧片触点，有的还有第三个作为常闭触点的簧片。这些簧片触点被封装在充有惰性气体（如氮气、氦气等）或真空的玻璃管里，玻璃管内平行封装的簧片端部重叠，并留有一定间隙或相互接触以构成开关的常开或常闭触点。干簧管结构如图 5-6 所示，图 5-6a 为常开型触点，图 5-6b 为含 3 个触点的 "C" 型开关。

干簧管的工作原理非常简单，对于图 5-6a 中的常开型干簧管，两簧片分隔的距离仅为几微米，玻璃管中装填有高纯度的惰性气体，在尚未操作时，两片簧片并未接触；当外加磁场时，使两片簧片触点位置附近产生不同极性，两簧片将互相吸引并闭合；当外加磁场消失或减弱，磁力减小到一定程度时，触点被簧片的弹力断开。图 5-6b 中的 "C" 型开关具有转移型触点。当施加一磁场时，公共触点将从常闭（N. C.）触点转移至常开（N. O.）触点。

（2）干簧管的应用　干簧管在家电、汽车、通信、工业、医疗、安防等领域得到了广泛的应用。除此之外，还可应用于其他传感器及电子元件，如液位计、门磁开关、干簧继电器等。

干簧管可用于簧片继电器、油位传感器、接近传感器（磁性传感器），也可用于高危环境，还可以用于计数、限位等。例如，有一种自行车公里计，就是在轮胎上粘上磁铁，在一旁固定干簧管，由干簧管实现计数；把干簧管装在门上，也可作为开门时的报警器用。

1）干簧继电器。干簧管可应用于干簧继电器。一个线圈内有多个磁簧开关，可得到多对极点的干簧继电器。干簧继电器工作电流较低，并提供高运行速度、良好的性能。在 20 世纪 70 年代和 80 年代，数以百万计的干簧继电器用于电话交流切换开关。干簧继电器的优点是：体积小，质量轻；簧片轻而短，有固有频率，可提高触点的通断速度，通断的时间仅为 1~3ms，比一般的电磁继电器快 5~10 倍；也与大气隔绝，管内有稀有气体，可减少触点的氧化和碳化，同时可防止外界有机蒸汽、尘埃杂质对触点的侵蚀。

2）干簧管油位传感器。干簧管是各种车用油箱油位传感器的极好替代品，油（液）位传感器共分为两类：

一类是用滑动电位器为基本检测元件，它是由浮子带动电位器，再用欧姆表检测其阻值，从而达到显示油位的目的。但当油垢覆盖电位器后，其阻值会发生变化，造成误差太大，甚至不能使用，此类油箱传感器成为寿命很短的易损件。

另一类是用电感线圈为基本检测元件。它是用浮子带动电感线圈，改变振荡电路的振荡频率，再通过频率计检测其频率来测定油（液）位。但其结构复杂，调试麻烦，成本高、价格贵，不能被广泛使用。所以，利用干簧管寿命长、动作安全可靠、无火花等特性生产的液位传感器，是现用各种车用油箱油位传感器的极好替代品。

3. 系统硬件结构

在测量电机转速时我们采用了霍尔传感器。霍尔传感器可以将转速信号转变成一个对应频率的脉冲信号输出，经过信号处理后输出到计数器，原理如图5-5所示。脉冲信号的频率与电机的转速是线性正比关系，因此对电机转速的测量实质上是对脉冲信号频率的测量。

系统以 AT89C51 单片机为核心，将霍尔传感器送出的脉冲信号经过数据处理转换成所测转速，以十进制形式显示出来。系统硬件原理框图如图 5-7 所示。系统由霍尔传感器（霍尔传感器 IC 内部包含信号处理电路）、显示电路和单片机等部分组成。传感器采用霍尔传感器，将转速转化为脉冲信号；信

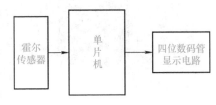

图 5-7　系统硬件原理框图

号处理电路包含待测信号放大、波形变换、波形整形电路等部分，其中放大器实现对待测信号的放大，降低对待测信号的幅度要求，实现对小信号的测量；波形变换和波形整形电路实现把正负交变的信号波形变换成可被单片机接收的 TTL/CMOS 兼容信号。

5.1.3　任务实施

1. 电路原理

霍尔测速的机械结构较为简单，只要在转轴的圆盘上粘上两粒磁钢，让霍尔接近开关靠近磁钢，机轴每转一周，产生 2 个脉冲，机轴连续旋转时，就会产生连续的脉冲信号输出。控制计数时间，即可实现计数器的计数值对应机轴的转速值。完整测速电路图如图 5-8 所示。

测量系统的转速传感器选用 OH137 霍尔接近开关。OH137 霍尔开关电路是为了适应客户低成本、高性能要求而开发生产的系列产品，其应用领域广泛、性能可靠稳定。电路内部由反向电压保护器、电压调整器、霍尔电压发生器、差分放大器、施密特触发器和集电极开路输出级组成，能将变化的磁场信号转换成数字电压输出。芯片集成度高，仅有 3 个引脚，分别为电源、地和输出信号，引脚构成如图5-9所示。产品特点：一致性好，灵敏度可按照客户要求定制，电路可和各种逻辑电路直接接口。

2. 软件流程

系统软件设计流程如图 5-10 所示，延时子程序采用定时器 1 中断，软件设计的难点在于计数脉冲与转速的换算，如图 5-11 所示。

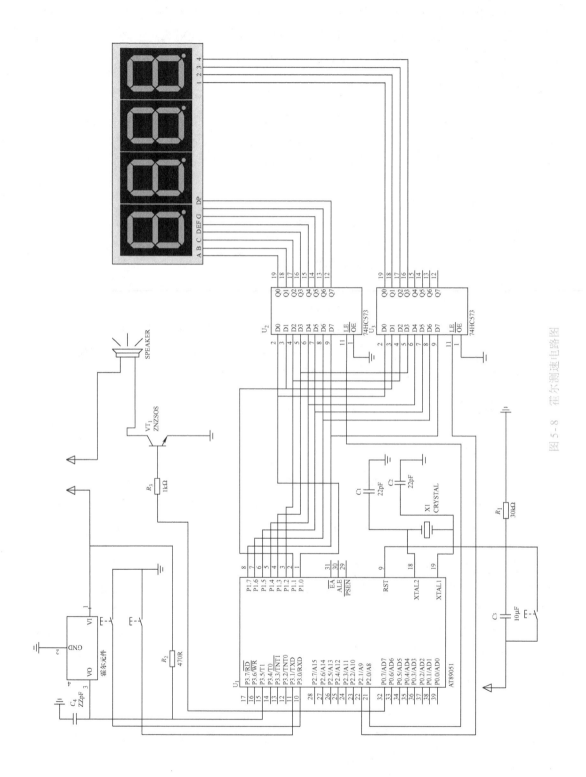

图 5-8 霍尔测速电路图

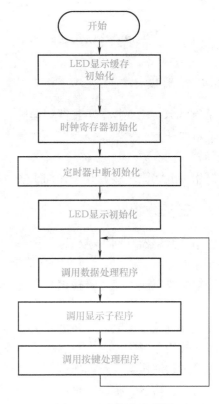

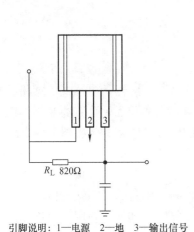

引脚说明：1—电源　2—地　3—输出信号

图 5-9　OH137 霍尔接近开关

图 5-10　主程序流程图

3. 霍尔芯片使用时的注意事项

1）安装时要尽量减小施加到电路外壳或引线上的机械应力。

2）焊接温度要低于 260℃，时间小于 3s。

3）电路为 OC 门输出，需要在 1、3 脚（电源与输出）之间加一上拉电阻。上拉电阻的阻值与工作电压、通过电路的电流有关。

5.1.4　任务总结

通过本任务的学习，应掌握如下知识重点：①霍尔接近开关的类型、结构等基本特性；②霍尔接近开关的工作原理；③干簧管接近开关的特点。

通过本任务的学习，应掌握如下实践技能：①能正确分析、设计霍尔接近开关检测系统；②会合理选用霍尔接近开关；③会合理选用干簧管接近开关。

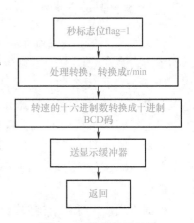

图 5-11　数据处理显示
模块流程图

任务 2　　电涡流式接近开关在机械加工中的应用

5.2.1　任务目标

素质目标：树立技术与技能强国的志向，培养勇于创新的精神。

通过本任务的学习，掌握电感式传感器的工作原理、分类和特点，理解电涡流式接近开关的结构、基本原理。

试给出电涡流式接近开关在加工物件中的一个应用实例。

5.2.2　任务分析

电感式传感器是利用电磁感应原理来进行测量的一大类传感器。电感式传感器可把被测的物理量如位移、压力、流量、振动等转换成线圈的自感系数和互感系数的变化，再由电路转换为电压或电流的变化量输出，实现非电量到电量的转换。电感式传感器分为自感式、互感式和电涡流式三类。其中，自感式、互感式为模拟式传感器，电涡流式为开关型传感器。

本任务重点介绍电感式接近开关，即电涡流式接近开关。电涡流式接近开关依靠变化的电磁场来检测金属物体，它不与被测物体接触，大大提高了检测的可靠性与检测效率，延长了接近开关的使用寿命。电涡流式接近开关体积小、重复定位准确、使用寿命长、抗干扰性能好，防尘、防水、防油、耐振动，一般用于近距离的导电性能良好的金属物体的检测，广泛应用于制造工业生产线上，特别是各种机电一体化装置中。

1. 电涡流式接近开关

（1）结构和原理　当金属导体放置于变化的磁场中时，会在导体中产生感应电流，这种电流在导体中是自行闭合的，这就是所谓的电涡流。电涡流的产生必然要消耗一部分能量，从而使产生磁场的线圈阻抗发生变化，这一物理现象称为涡流效应，原理图如图 5-12 所示。电涡流式接近开关是利用涡流效应，将非电量转换为阻抗变化进行测量。

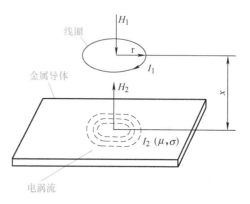

图 5-12　电涡流原理图

电涡流式接近开关结构如图 5-13 所示，印制电路板上的石英晶体振荡器产生的中高频振荡电流通过延伸电缆流入探头线圈，在探头头部的线圈中产生交变的磁场。当被测金属靠近这一磁场时，会在此金属表面产生感应电流，与此同时该电涡流场也产生一个方向与头部线圈方向相反的交变磁场，由于其反作用，使头部线圈高频电流的幅值和相位得到改变，这一变化与金属体的磁导率、电导率，线圈的几何形状、几何尺寸，电流频率以及头部线圈到金属导体表面的距离等参数有关。测量此高频电流的变化量即可判断出是否有金属导体靠近。

（2）电涡流式接近开关的特性　电涡流式接近开关的特性如图 5-14 所示，主要有动作距离、复位距离、设定距离、回差值、响应频率、响应时间、导通压降等性能参数。

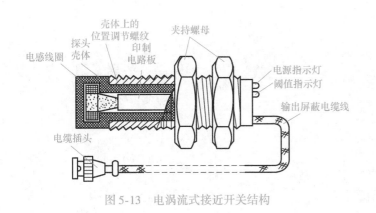

图 5-13 电涡流式接近开关结构

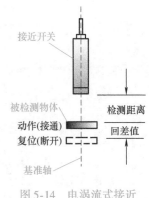

图 5-14 电涡流式接近
开关的特性

1) 动作距离：检测物体按照一定的方式移动时，从接近开关的检测表面到开关动作时的基准位置的空间距离。

2) 复位距离：与动作距离类似，复位距离指的是检测物体离开检测表面到开关动作复位时的位置之间的空间距离，复位距离大于动作距离，两者的关系如图 5-14 所示。

3) 设定距离：接近开关在实际工作中设定出来的距离，一般为额定动作距离的0.8倍。

4) 回差值：动作距离与复位距离之差的绝对值。

5) 响应频率：在 1s 内，接近开关频繁动作的次数。

6) 响应时间：指从接近开关检测头检测到有效物体，到输出状态出现电平翻转所经过的时间。

7) 导通压降：指接近开关在导通状态时，开关内输出晶体管上的电压降。

(3) 电涡流式接近开关的接线 开关类传感器的接线有二线制、三线制和四线制接线方式。连接导线多用 PVC 外皮、PVC 芯线，芯线的颜色多为棕（bn）、黑（bk）、蓝（bu）、黄（ye）。但是实际应用中芯线的颜色也可能有所不同，使用时应仔细查看说明书。对于接近开关，标准的导线长度为2m，也可根据使用者的要求提供其他长度的导线。图 5-15 ~ 图 5-17 分别给出了直流、交流时二线、三线、四线接线图。

(4) 电涡流式接近开关的特性检测 按图 5-18 所示，将电涡流式接近开关与继电器连接，分别用金属块和塑料板靠近、远离电涡流式接近开关，观察继电器的动作情况。

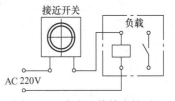

图 5-15 直流四线输出接近
开关的接线

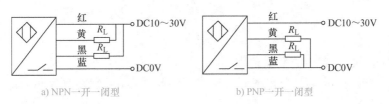

a) NPN一开一闭型

b) PNP一开一闭型

图 5-16 交流二线输出接近开关的接线

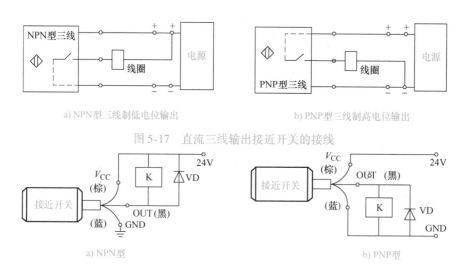

a) NPN型三线制低电位输出　　　　b) PNP型三线制高电位输出

图 5-17　直流三线输出接近开关的接线

a) NPN型　　　　　　　　　　b) PNP型

图 5-18　电涡流式接近开关的特性检测

2. 其他电感式传感器

除上述电涡流式接近开关外，电感式传感器还有变磁阻式传感器和差动变压器式传感器两类。下面简要加以介绍。

（1）变磁阻式传感器　变磁阻式传感器由线圈、铁心和衔铁三部分组成。铁心和衔铁由导磁材料制成，如图 5-19 所示。在铁心和衔铁之间有气隙，传感器的运动部分与衔铁相连。当衔铁移动时，气隙厚度 δ 发生改变，引起磁路中磁阻变化，从而导致电感线圈的电感值发生变化。因此，只要测出电感量的变化，就能得出衔铁位移量的大小和方向。

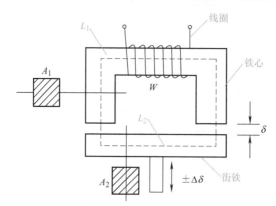

图 5-19　变磁阻式传感器结构图

根据磁路基本知识，线圈的电感为

$$L = \frac{N^2}{R_m} \tag{5-3}$$

式中，N 为线圈匝数；R_m 为磁路总磁阻。

由于铁心和衔铁的磁阻比气隙磁阻小得多，因此铁心和衔铁的磁阻可忽略不计，磁路总磁阻近似为气隙磁阻，即

$$R_m \approx \frac{2\delta}{\mu_0 A} \tag{5-4}$$

式中，δ 为气隙厚度；A 为气隙的有效截面积；μ_0 为真空磁导率。

因此，电感线圈的电感为

$$L \approx \frac{N^2 \mu_0 A}{2\delta} \tag{5-5}$$

综上所述，当线圈匝数为常数时，电感 L 仅仅是磁路中磁阻 R_m 的函数，改变 δ 或 A 均可导致电感变化，因此变磁阻式传感器又可分为变气隙厚度 δ 的传感器和变气隙面积 A 的传感器。

变气隙式传感器的输出特性如图 5-20 所示。由于电感 L 与气隙厚度 δ 成反比，故输入、输出是非线性关系，其灵敏度为

$$K = \frac{dL}{d\delta} = -\frac{L_0}{\delta} \tag{5-6}$$

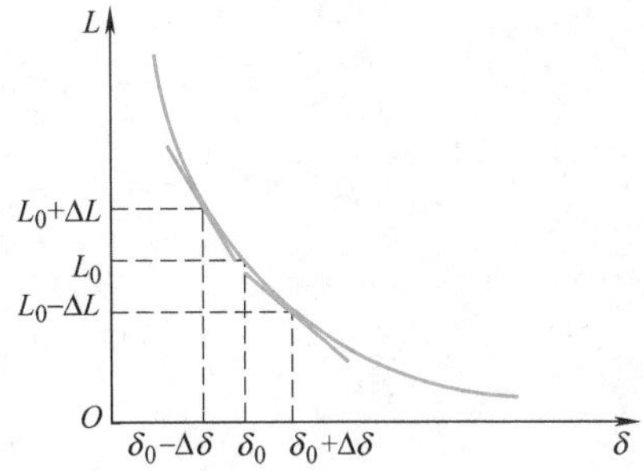

图 5-20 变气隙式传感器输出特性

（2）差动变压器式传感器 把被测的非电量变化转换为线圈互感变化的传感器称为互感式传感器。这种传感器根据变压器的基本原理制成，并且二次绕组用差动形式连接，故称差动变压器式传感器。

差动变压器的结构形式有变气隙式、变面积式和螺线管式三类。在非电量测量中，应用最多的是螺线管式差动变压器，它可以测量 1~100mm 的机械位移，并具有测量准确度高、灵敏度高、结构简单、性能可靠等优点。螺线管式差动变压器的结构如图 5-21 所示。

两个二次绕组反向串联，并且在忽略铁损、导磁体磁阻和绕组分布电容的理想条件下，其等效电路如图 5-22 所示。当一次绕组加以激励电压 U 时，根据变压器的工作原理，在两个二次绕组 L_{2a} 和 L_{2b} 中便会产生感应电动势 E_{2a} 和 E_{2b}。如果工艺上保证变压器结构完全对称，则当活动衔铁处于初始平衡位置时，必然会使两互感系数 $M_1 = M_2$。根据电磁感应原理，将有 $E_{2a} = E_{2b}$。由于变压器两个二次绕组反向串联，因而 $U_o = E_{2a} - E_{2b}$，即差动变压器输出电压为零。

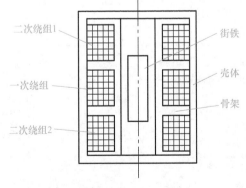

图 5-21 螺线管式差动变压器的结构

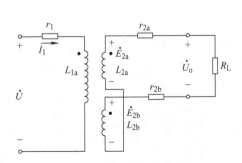

图 5-22 变压器电桥电路

当活动衔铁向上移动时，由于磁阻的影响，L_{2a} 中磁通将大于 L_{2b} 中磁通，使 $M_1 > M_2$，因而 E_{2a} 增加、E_{2b} 减小；反之，E_{2b} 增加、E_{2a} 减小。因为 $U_o = E_{2a} - E_{2b}$，所以当 E_{2a}、E_{2b} 随

着衔铁位移 x 变化时，U_o 也必将随 x 而变化，U_o 的大小反映了位移的大小，U_o 的正负反映了位移的方向。

当衔铁位于中心位置时，差动变压器输出电压并不等于零，此时的输出电压 U_o 称为零点残余电压，如图 5-23 所示的输出特性。它的存在使传感器的输出特性不经过零点，造成实际特性与理论特性不完全一致。

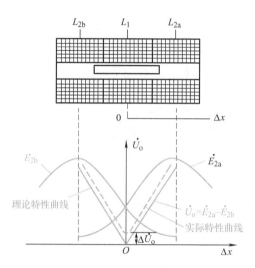

图 5-23　差动变压器输出特性

为了达到能辨别移动方向和消除零点残余电压的目的，实际测量时，常常采用差动整流电路和相敏检波电路，如图 5-24 和图 5-25 所示。相敏检波后的波形图如图 5-26 所示，得到的输出信号既能反映位移大小，也能反映位移方向。

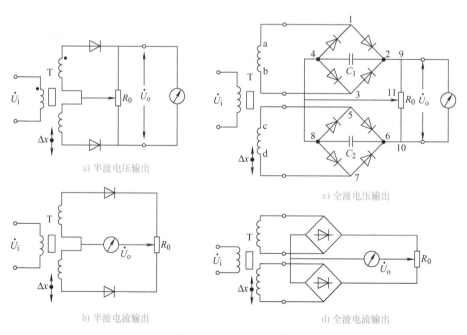

a) 半波电压输出

b) 半波电流输出

c) 全波电压输出

d) 全波电流输出

图 5-24　差动整流电路

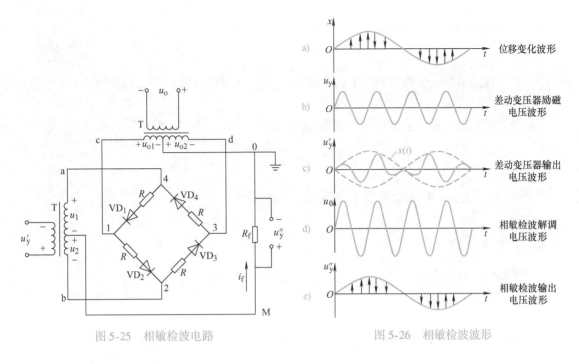

图 5-25 相敏检波电路

图 5-26 相敏检波波形

5.2.3 任务实施

图 5-27 是电涡流式接近开关的工作原理框图，它由 LC 高频振荡器探头和放大处理电路组成，接通电源后探头形成固定频率的交变振荡磁场。当金属物体靠近接近开关达到检测距离时，金属物体内产生涡流，吸收振荡器的能量，使接近开关的振荡能力衰减而停振，开关的状态发生变化，从而识别出金属物体。

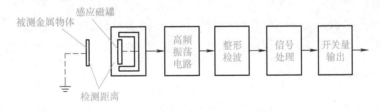

图 5-27 电涡流式接近开关工作原理框图

电涡流式接近开关固定在支架上，工件在传送带上依次自左向右运动，当工件进入接近开关的额定动作距离范围内之后，接近开关动作，内部晶体管导通，常开触点闭合、常闭触点断开。接近开关动作可以控制机械动作或程序处理，从而对工件进行统计、加工、分类等。图 5-28 所示是一个手持式电机转速测量仪，可以实时检测电机的转速。

a) 电涡流式接近开关应用示意图　　b) 手持式电机转速测量仪

图 5-28 电涡流式接近开关的应用

5.2.4 任务总结

电涡流式
接近开关

通过本任务的学习，应掌握如下知识重点：①电涡流式接近开关的特点、结构等基本特性；②电感式传感器的类型和特点。

通过本任务的学习，应掌握如下实践技能：①会对开关型传感器进行接线；②会合理选用电涡流式接近开关；③会合理选用电感式传感器。

任务 3　超声波接近开关在测距中的应用

5.3.1 任务目标

素质目标： 培养奋勇争先的进取精神和改革创新的时代精神。

通过本任务的学习，理解电容式接近开关及光电开关的结构、基本原理，掌握超声波接近开关的测距原理、使用特点。

本任务为设计一超声波测距系统。

5.3.2 任务分析

一般物体位置的检测传感器包括电容式接近开关、光电开关及超声波接近开关等。本任务重点介绍的是超声波传感器。

超声波传感器是将超声波信号转换成其他能量信号（通常是电信号）的传感器。超声波是振动频率高于 20kHz 的机械波。它具有频率高、波长短、绕射现象小，特别是方向性好、能够成为射线而定向传播等特点。超声波对液体、固体的穿透本领很大，尤其是在不透明的固体中。超声波碰到杂质或分界面会产生显著反射形成反射回波，碰到活动物体能产生多普勒效应。超声波传感器广泛应用在工业、国防、生物医学等方面。

1. 超声波接近开关

（1）超声波测距原理　超声波测距原理是通过超声波发射器向某一方向发射超声波（一般为 40kHz 的超声波），在发射的同时开始计时，超声波在空气中传播时碰到障碍物立即返回，超声波接收器收到反射波立即停止计时，工作原理框图如图 5-29 所示。超声波在空气中的传播速度为 v，根据计时器记录的时间测出发射和接收回波的时间差 Δt，可以计算出发射点距障碍物的距离 S，则

$$S = \frac{v\Delta t}{2}$$
(5-7)

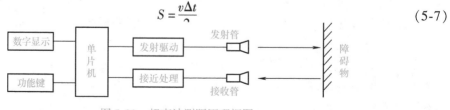

图 5-29　超声波测距原理框图

（2）超声波接近开关的结构和原理　超声波接近开关包括下列三个部分：超声换能器、处理单元、输出级，如图 5-30 所示。

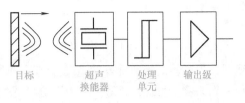

图 5-30　超声波接近开关的结构

超声换能器交替地作为发射器与接收器使用。加上触发脉冲时，超声换能器受激以脉冲形式发出超声波，随后换能器转入接收状态，发射出来的超声波脉冲作用到一个声反射的物体上，经过一段时间后，被反射回来的声波又重新回到换能器上，经过单片机分析处理之后，根据所设定的开关距离确定物体是否在开关动作范围之内，如是则激活相应的输出级，使其对应的开关点有控制信号输出，反之无信号输出。

超声波接近开关的量程（最远探测距离）根据超声换能器的频率而定，频率越高，量程越小。实际应用时，往往只要求接近开关在量程范围内的某段距离内允许开关动作，如图 5-31 所示，可以采用设定允许检测的时间范围来调节超声波接近开关的动作范围。在电路中用两个电位器来调整其开关动作范围，用 S_1 调整开关动作范围的起始值，用 S_2

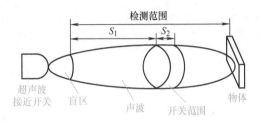

图 5-31　开关范围调节原理图

调整开关动作范围的宽度（深度），这将确保被测物的非检测区的前后背景干净，减少误操作。

2. 电容式接近开关

电容式接近开关也属于一种具有开关量输出的位置传感器，主要用于定位或开关报警控制等场合。它的特点是无抖动、无触点、非接触监测、体积小、功耗低、寿命长、检测物质范围广、抗干扰能力强及耐腐蚀性能好。与电涡流式接近开关、霍尔接近开关相比，电容接近开关检测距离远，而且静电电容接近开关还可以检测金属、塑料和木材等物质的位置。

它的测量头通常是构成电容的一个极板，而另一个极板是物体本身，当物体移向接近开关时，物体和接近开关的介电常数发生变化，使得和测量头相连的电路状态也随之发生变化，由此便可控制接近开关的接通和关断。

在齿状物如齿轮旁边安装一个电容式传感器（接近开关），如图 5-32 所示，当转轴转动时，电容式接近开关周期性地检测到齿轮的齿端端面，就能输出周期性的变化信号。该信号经放大、变换后，可以用频率计测出其变化频率，从而测出转轴的转速。

3. 光电开关

光电开关传感器是利用光束如近红外线和红外线来检测、判别物体，是利用被检测物体对红外光束的遮光或反射，由同步回路选通而检测物体的有无，其物体不限于金属，对所有能反射光线的物体均可检测。部分光

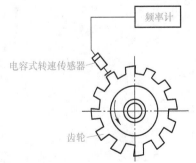

图 5-32　电容式传感器测齿轮转速

电开关外形如图 5-33 所示。

光电开关由发射器、接收器和检测电路三部分组成，其工作原理示意图如图 5-34 所示。发射器对准目标发射光束，发射的光束一般来源于发光二极管（LED）和激光二极管。光束不间断地发射，或者改变脉冲宽度。接收器由光电二极管或光电晶体管组

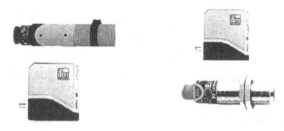

图 5-33 部分光电开关外形

成。在接收器的前面，装有光学元件如透镜和光圈等；在其后面的是检测电路，它能滤出有效信号并应用该信号。

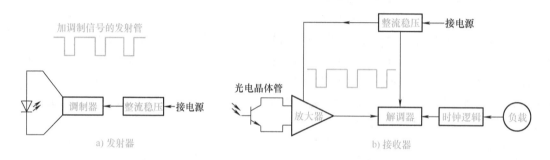

图 5-34 光电开关工作原理示意图

图 5-35 给出了各种光电开关的工作示意图。有对射式、镜反射式、漫反射式、槽式及光纤式等方式。作为光控制和光探测装置，光电开关广泛应用于工业控制、自动化包装线及安全装置中。

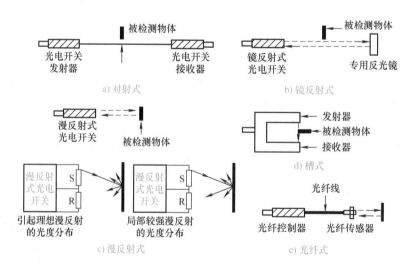

图 5-35 光电开关工作示意图

图 5-36 为检测生产流水线上瓶盖及商标的实例。除计数外，光电开关还可进行位置检测（如装配体有没有到位）、质量检查（如瓶盖是否压上、标签是否漏贴等）。

图 5-37 为自动切断控制的实例，可以根据被测物的特定标记进行自动控制（如根据特定的标记检测后进行自动切断、封口等）。

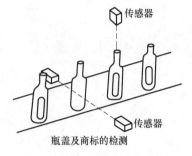

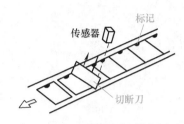

图 5-36 检测生产流水线上瓶盖及商标的实例

图 5-37 自动切断控制实例

4. 系统硬件结构

超声波检测技术的应用十分广泛，目前已成功地应用在测距、测厚、测深、探伤、医疗探测、超声洗涤等方面，而它的典型应用就是超声测距技术。本任务阐述了一种利用超声波接近开关非接触测距的特点对煤码头的取料机进行定位的方法。用超声波接近开关定位的方法保证了取料机运行安全和运煤、卸煤等操作的工作地点的准确性，可提高工作效率，保证工作安全可靠地进行。

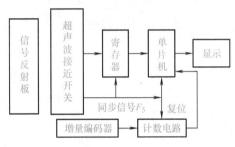

图 5-38 取料机定位系统框图

图 5-38 所示为取料机利用超声波进行定位的系统框图。

5.3.3 任务实施

1. 电路设计

超声波接近开关电路与波形图如图 5-39 所示。

（1）发射电路 第二片 555 方波发生器的脉冲周期决定了驱动发生器 IC$_{1A}$（74HC123）的脉冲周期，进而决定了超声波重复发射的周期，这个脉冲周期主要由所测最远距离决定。驱动脉冲端接于第一片 555 的 4 端（内部复位端），这使得在驱动脉冲的高电平时，第一片 555 产生触发脉冲，供给超声换能器并以声能形式辐射出去，其波形如图 5-39b 所示。IC$_{1A}$ 产生的驱动脉冲持续时间 t_D 取决于电路中 C_{11} 和 R_{11} 的大小，则

$$t_D = C_{11}R_{11} \tag{5-8}$$

取 R_4 和 R_5 阻值相等，故第一片 555 构成的一个方波发生器频率为

$$f_1 = \frac{1.44}{(R_5 + 2R_4)(C_2 + C_p)} \tag{5-9}$$

为使发射效率高，可适当选取 R_4、R_5 和 C_2 的值，使 f_1 值与发射换能器的共振频率相等。可变电容 C_p 用于微调方波频率，以获得最高发射效率。

（2）接收电路 发送、接收信号共用一个超声换能器，收发信号之间会产生干扰，较

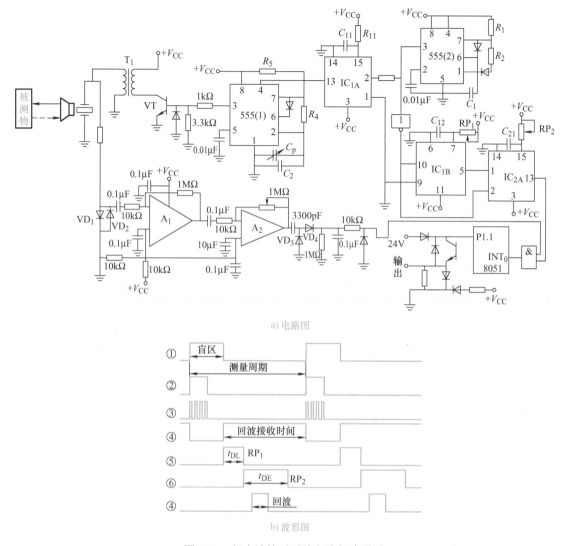

a) 电路图

①
盲区
测量周期
②
③
④
回波接收时间
⑤
t_{DL} RP$_1$
⑥
t_{DE} RP$_2$
④
回波

b) 波形图

图 5-39　超声波接近开关电路与波形图

大的发送信号有可能直接进入接收电路，因此采用滤除直接发射波的方法来消除干扰。

（3）开关范围调节电路　单稳态延迟电路 IC$_{1B}$ 保证在延迟时间 t_{DL} 内不拾取反射波，t_{DL} 的大小由可调电位器 RP$_1$ 和电容 C_{12} 来决定。IC$_{2A}$ 形成一个屏蔽时间 t_{DE}，t_{DE} 的大小由电容 C_{21} 和 RP$_2$ 来决定，保证了允许检测的时间范围，这样也就限定了超声波开关的工作范围，可以检测在比较狭小的范围内物体是否存在。

（4）信号处理部分　换能器接收到的回波信号和 IC$_{2A}$ 的输出信号经过与操作后，产生的方波脉冲作为控制闸门信号，采用单片机内部的定时器/计数器进行计数。方波脉冲的上升沿到达，定时器/计数器开始从零启动计数，每一机器周期计数器加 1，直到方波脉冲的下降沿到达，计数停止，此时计数器内存储的是脉宽的机器周期数，这样就通过对单片机内部时钟脉冲计数得到回波信号的大小。当检测到回波脉冲大小与发射的超声波大小一致时，单片机给出一高电平，由输出级给出相应信号，同时发光二极管（LED）发光，经过一定时间后检测不到回波脉冲时，输出低电平，LED 熄灭。

（5）计数原理　增量编码器能将位移信号转换为数字编码，方便与数字系统相连。增量编码器经减速器后通过链条与取料机车轮相连，取料机在前进、后退的同时，增量编码器与机车轮同时、同轴转动，这样每转动一周增量编码器所发出的脉冲数与车轮转动的周长相对应，根据此原理可以计算出每个脉冲所对应的长度，累计脉冲个数就可以最终计算出取料机的位置，配合超声波传感器共同为取料机定位。

实际生产线上，每 60m 设计一个标杆。当超声波传感器每经过一个标杆时，就由同步信号 F_5 给计数器清零，使计数器重新开始计数，以此减小车轮打滑造成的累积误差，这样增量编码器所测量的只是每个标杆所标定的 60m 区间内的具体量程，从而使定位系统更加精确。

设取料机车轮周长为 100cm，如编码器每转一圈产生 300 个脉冲，则位移与脉冲的对应关系为 100cm：300 脉冲，也就是 1 个脉冲对应 1/3cm。这样只要将增量编码器的输出脉冲送入计数器计数，即可根据计数结果算得取料机在区间段内的位置。取料机所在区间段由霍尔接近开关的端点定位识别数据来确定。

取料机既可前进也可后退，计数器选用可逆计数器，根据车轮的旋转方向不同进行加减计数，前进时进行加法计数，后退时进行减法计数。

（6）单片机系统　单片机用来实现将以上信号转换为位移信号，并送 LED 显示电路显示。

超声波接近开关检测信号反射板的输入数据 $F_1 \sim F_4$，当检测到同步信号 F_5 时，检测到的 $F_1 \sim F_4$ 的 8421 码就被送入寄存器。由于计数器要进行加减计数，清零后进行减法计数会产生负，可以将计数器第一位作符号位以区别正负数。

寄存器的输出和计数器的计数结果都在有同步信号时读入单片机，由于计数器的计数结果有正负之分，单片机采用补码方式进行数据处理。寄存器的值 α_0、α_1、α_2、α_3 与取料机区间端点位置有一一对应关系，假定全程长度 900m 设为 s，区间数 15 为 m，取料机区间段端点位置为 L_1，则

$$L_1 = \frac{s}{m} \sum_{i=0}^{i=3} a_i 2^i \tag{5-10}$$

$$L_2 = (-1)^b \frac{Nc}{n} \tag{5-11}$$

式中，n 为增量编码器每转产生的脉冲数；c 为车轮周长；N 表示计数器的计数值；b 表示计数值的符号；L_2 表示取料机区间段内位置。

根据公式

$$L = L_1 + L_2 = \frac{s}{m} \sum_{i=0}^{i=3} a_i 2^i + (-1)^b Nc/n \tag{5-12}$$

可以算得取料机的位置 L。

2. 实验步骤

超声波可探测距离与声波频率有一定关系，第一片 555 供给直径 D 为 15mm、频率为 375kHz 的换能器以相同频率的脉冲，换能器发射超声波，超声波换能器在初始激励后振荡

按指数函数衰减，在这段时间内不能接收回波，视为盲区。盲区的大小取决于换能器的频率和质量，换能器越大，频率越大，衰减时间越长，盲区越大。

（1）实验一：标定开关动作范围　在 62～500mm 范围内移动标准挡板，在最大可探测距离内通过调节 t_{DL} 和 t_{DE} 来标定允许的开关动作范围。先将接收信号的挡板（标准挡板 100mm × 100mm）由远方向换能器移近，根据设定的可探测距离，当距离换能器表面约为 500mm 时，开关动作；继续移动，当距离约为 60mm 时，开关不再动作，此后亦然，这段不能接收回波的范围即为盲区。

t_{DL} 的大小是通过单片机在 t_{DL} 高电平时间内对机器周期进行计数（即 T0/T1 是定时器工作方式）的方式来标定。计数计得的脉冲数的个数可由滤波器直接读出，就可以得到 t_{DL} 的大小。

1）调节 RP_1、RP_2 使 t_{DL} 为 0.4ms（C_{12}：0.2μF）、t_{DE} 为 2.18ms（C_{21}：0.2μF）时，得到挡板在小于 130mm 的距离范围内移动时开关不动作，在大于 130mm 范围内开关动作。

2）再将 t_{DL} 设定为 2.57ms，则无论设定 t_{DE} 为何值移动挡板开关都不动作。

3）设定 t_{DL} 为零，逐渐加大 t_{DE} 的值，发现接近开关检测物体存在与否的开关动作范围也在逐渐增大；当增大到 2.57ms 时，再继续加大 t_{DE} 开关也不再动作。此段时间的对应距离值与接近开关的可探测距离基本接近。根据式（5-7）和可探测距离的约定，RP_1、RP_2 最大理论取值为 12.8kΩ，设计时电位器 RP_1 取 12kΩ、RP_2 取 13kΩ 即可。

（2）实验二：实测　在煤码头取料机运行轨道上安装好上述方法所述的仪器仪表与设施，开动取料机。

将 900m 长的工作现场，用标杆平均分成 15 个区间，每个区间 60m。每个区间的开始处都立有一个标杆，每支标杆高 1570mm，这一数据是根据取料机车的外形尺寸确定的。每支标杆顶端都置有一个同步信号反射板 F_5，其余四个位置按照 8421 码的编码置有数量不等、位置不同的信号反射板 $F_4 \sim F_1$，传感器要正对金属反射板的中间位置。信号反射板两端是倾斜的，这样倾斜的两翼是为了减少机车行走或其他状况引起的气流对反射板的扰动，以避免反射板倾斜幅度过大超过超声波接近开关的开关范围或者碰触到机车。

当平坦的物体垂直放入声波束中时，X 适合的值见表 5-1；如果物体倾斜，超声波将会以不利的角度探测到物体，则距离 X 应相应选择较大的值，见表 5-2。X 指两传感器之间的安全距离。

表 5-1　垂直物体的 X 范围

探测范围/mm	60～300	200～1000	300～3000
X/m	>1.2	>0.6	>1.2

表 5-2　倾斜物体的 X 范围

探测范围/mm	60～300	200～1000	300～3000
X/m	>1.2	>4.0	>12.0

为了避免传感器之间的相互干扰，安放传感器时要注意它们之间的距离应在安全距离 X 范围之内，经过实验将两个传感器之间的距离定为 10cm。这样可保证 5 个超声波传感器在开关范围一定的情况下，各自所发射的超声波可以准确地由相对应的金属反射板所接收并返

回，各个传感器的信号不会造成相互干扰。

机车从起始位置启动后，经过第一个标杆时，仪表上显示的值是60.00；继续前行，让机车停在某个60m与120m两个标杆之间的某个位置，仪表显示数值78.91m。用测量距离用的米尺，测距离为78.915m，比较结果得：采用超声波传感器和编码器方法对机车定位的方法能够保证机车安全可靠地运行。

3. 注意事项

取料机动态自动定位系统为工作人员提供了精确的位置信息，降低了各项操作的难度，提高了工作效率。使用超声波接近开关要注意以下几点：

1）为可靠地检测物体，待测物体不能位于盲区内，要注意正确地对超声波接近开关进行定位调整。

2）温度产生的变化可能会导致对物体的定位漂移，这时反射表面应尽可能地位于开关范围中心，同时不提倡将超声波接近开关用于测量灼热的金属。

3）被测物的粗糙度不宜超过0.15mm，较大粗糙度会使有效距离减小，但这样的被测物不需要额外的调整。

4）为避免相同超声波接近开关之间的相互影响，安放超声波接近开关时要注意安全距离。

5.3.4　任务总结

通过本任务的学习，应掌握如下知识重点：①超声波接近开关的特点、结构等基本特性；②电容式接近开关的特点；③光电开关的结构、基本原理。

通过本任务的学习，应掌握如下实践技能：①会设计超声波测距系统；②会合理选用超声波接近开关；③会合理选用电容式接近开关；④会合理选用光电开关。

复习与训练

5-1　开关型物位传感器有哪些特点？
5-2　霍尔接近开关的原理是什么？
5-3　磁敏传感器与电感式传感器有什么区别？
5-4　简述电涡流效应原理。
5-5　超声波在介质中有哪些传播特性？
5-6　超声波测速原理是什么？

项目6

位移传感器的应用

6.1.1　任务目标

素质目标：培养一丝不苟的工匠精神和敬业奉献精神。

通过本任务的学习，掌握电位器式位移传感器的特点，了解其主要参数，学会正确选择电位器式位移传感器。

利用电位器式位移传感器设计一线位移测量装置，控制范围为 0 ~ 100mm。

6.1.2　任务分析

位移和物位都是在运动过程中与移动有关的物理量，是机械行业中最常用的被测物理量。另外许多物理量（如压力、流量、加速度等）的测量常常需要先变换为位移，然后再将位移变换成电量，因此位移传感器是一类重要的基本传感器。位移传感器的作用就是将直线或环形机械位移量转换成电信号，利用相应的位移传感器可以测量位移、距离、位置、尺寸、角度、角位移等物理量。位移的测量方式所涉及的范围相当广泛。

位移传感器的类型很多，根据信号输出形式，可以分为模拟式和数字式两大类。根据被测物体的运动形式可分为线位移传感器和角位移传感器。线位移是指沿着某一直线移动的距离，角位移是指机构沿着某一定点转动的角度。根据被测位移量的大小，位移传感器可以分为微位移传感器和大位移传感器。按工作原理又可分为电阻式、应变式、电感式、电容式、霍尔式、超声波式、感应同步器式、光栅式、磁栅式及角编码式。

1. 位移的测量方法

目前，位移传感器主要用于机械行业中的位移或位置测量，如各种机床在加工零件过程中位置的确定、加工零件的尺寸等。

（1）直接测量和间接测量　位移传感器在工作过程中，若传感器所测量的对象是被测量本身，即直线位移或旋转角位移，则该测量方式为直接测量。例如直接用于直线位移测量的直线光栅和长磁栅等，直接用于测量角度的角编码器、圆光栅、圆磁栅等。

在测量过程中，若不能直接得到实际值，但可以得到与被测量有一定关系的中间量，通过对中间量的推算得到实际值，则此测量为间接测量。

用线位移传感器进行直线位移的直接测量时，传感器必须与直线行程等长，测量准确度高，但测量范围受传感器长度的限制；而用旋转式进行间接测量时，则无长度限制，但由于存在着直线与旋转运动的中间传递误差，如机械传动链中的间隙等，故测量准确度没有直接测量高。

（2）增量式测量和绝对式测量 增量式测量的特点是只能获得位移增量，即被测部件每移动一个基本长度单位（即传感器的分辨力），位移传感器便发出一个测量脉冲信号，对脉冲信号进行计数便可得到位移量。例如，增量式测量系统的分辨力为 0.1mm，则移动部件每移动 0.1mm，位移传感器便发出一个脉冲，计数器加 1 或减 1，当计数到 100 时，则表示移动部件移动了 $100 \times 0.1mm = 10mm$。增量式位移传感器必须有一个零位标志，作为测量起点的标志，即便如此，如果中途断电，增量式位移传感器仍然无法获知移动部件的绝对位置。

绝对式测量的特点是每一个被测量点都有一个对应的编码，常以二进制数的编码来表示，不同的编码表示不同的角度或位置，即使断电后再重新上电，也能读出当前位置的数据，如绝对式角编码器。这种编码器分辨力越高，所需要的二进制数的位数也越多，结构也就越复杂。

位移传感器种类繁多，其特点、工作原理各不相同，在实际的工程项目中，应根据具体的测量对象、要求、环境等因素合理地选用位移传感器，主要考虑的指标有如下几种：被测的机械行程，即位移量的大小或旋转角度；线性度；准确度；重复和耐用性；价格；抗冲击或振动性能；物体位移时的速度（此时的位移传感器类似于行程开关的功能，详见项目 5）。在具体的应用中，要综合以上几个指标，选择合适的传感器来构成应用系统。

电容式位移传感器、差动电感式位移传感器和电阻应变式位移传感器，一般用于小位移的测量（几微米至几毫米）；差动变压器式位移传感器用于中等位移的测量（几毫米至100mm 左右）；电位器式位移传感器适用于较大范围位移的测量，但准确度不高。感应同步器、光栅、磁栅、激光位移传感器用于精密检测系统位移的测量，测量准确度高（可达 ±1m），量程也可达到几米。

位移传感器不仅用于直接测量角位移和线位移的场合，而且在其他物理量如力、压力、应变、液位等能转换成位移的任何场合中，也广泛作为测量和控制反馈传感器用。

本项目主要介绍位移传感器中比较典型的应用如电位器式位移传感器、光栅位移传感器和磁栅位移传感器。

2. 电位器式位移传感器的结构

电位器式位移传感器在机械设备的行程控制及位置检测中占有很重要的地位，它具有准确度高、量程范围大、移动平滑舒畅、分辨力高、寿命长的特点，尤其在较大位移测量中得到了广泛的应用，如注塑机、成形机、压铸机、印刷机械、机床等。

常见的电位器式位移传感器从结构上来看，可以分为推拉式和旋转式两种结构。图 6-1 是电位器的一般结构图，它由电阻体、电刷、转轴、滑动臂、焊片等组成，电阻体的两端和焊片 A、C 相连，因此 A、C 端的电阻值就是电阻体的总阻值。转轴是和滑动臂相连的，在滑动臂的一端装有电刷，它靠滑动臂的弹性压在电阻体上并与之紧密接触，滑动臂的另一端与焊片 B 相连。图 6-2 是电位器式位移传感器的结构。图 6-3 给出了 YHD 型滑线电位器式位移传感器的结构示意图。

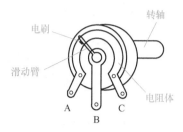

图 6-1　电位器的一般结构

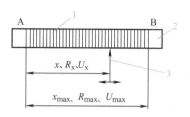

图 6-2　电位器式位移传感器结构
1—电阻丝　2—骨架　3—滑动臂

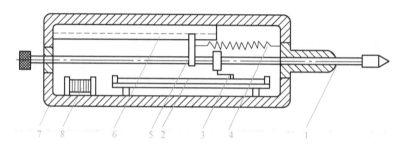

图 6-3　YHD 型滑线电位器式位移传感器结构示意图
1—测量轴　2—滑线电阻　3—触点　4—弹簧　5—滑块　6—导轨　7—外壳　8—无感电阻

3. 电位器式位移传感器工作原理

（1）应用电路　电位器式位移传感器应用电路图如图 6-4 所示。

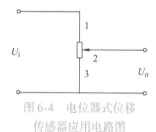

当滑动端位置改变时，阻值 R_{12} 和 R_{23} 均发生变化，但总阻值 R_{13} 保持不变。设 x 为位移传感器电刷移动长度，L 为位移传感器的最大位移，则

图 6-4　电位器式位移传感器应用电路图

$$R_{23} = \frac{x}{L} R_{13} \tag{6-1}$$

若在 R_{13} 端加激励信号 U_i，则其输出电压 U_o 的值为

$$U_o = \frac{R_{23}}{R_{13}} U_i = \frac{x}{L} U_i \tag{6-2}$$

即输出电压与位移 x 成正比，通过测量 U_o 的值，再根据 U_i 及 L 的值，即可求出位移 x。

对角位移式电位器来说，U_o 与滑动臂的旋转角度 α 成正比，即

$$U_o = \frac{\alpha}{360^\circ} U_i \tag{6-3}$$

（2）负载特性　电位器式位移传感器输出端接有负载电阻时，输出电压与负载大小的关系特性称为负载特性。接有负载电阻 R_L 的电位器式位移传感器如图 6-5a 所示，电位器式位移传感器输出电压 U_o 为

$$U_o = U \frac{R_x R_L}{R_L R_{max} + R_x R_{max} - R_x^2} \tag{6-4}$$

设电阻相对变化为 $r = R_x / R_{max}$，并设 $m = R_{max} / R_L$，m 称为负载系数，则式（6-4）可写成

$$Y = \frac{U_o}{U} = \frac{r}{1 + rm(1 - r)} \tag{6-5}$$

而理想空载特性为

$$Y_o = \frac{U_o}{U} = \frac{R_x}{R_{max}} = r \tag{6-6}$$

由于 $m \neq 0$，即 R_L 不是无限大，使负载特性与空载特性之间产生偏差。图 6-5b 是对不同负载系数 m 的负载特性曲线。

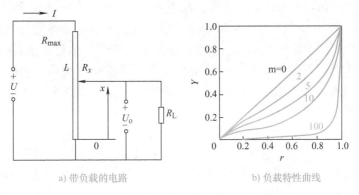

a) 带负载的电路   b) 负载特性曲线

图 6-5 电位器式位移传感器的负载特性

4. 主要技术参数和选用原则

表征电位器式位移传感器的技术参数很多，其中许多和电阻式相同，下面仅介绍电位器式位移传感器特有的一些技术参数。

1）最大阻值和最小阻值：指位移传感器阻值变化能达到的最大值和最小值。

2）电阻值变化规律：指位移传感器阻值变化的规律，例如对数式、指数式、直线式等。

3）线性电位器的线性度：指阻值直线式变化的位移传感器的非线性误差。

4）滑动噪声：指滑动触点在电阻丝上滑动时产生的噪声电压的大小。

目前，国内外电位器式位移传感器的生产厂家很多，技术已经非常成熟。对于拉杆式、滑块式位移传感器其测量位移可以达到 3000mm。电位器式位移传感器将位移的变化转换成电阻变化，为了与 PLC 及单片机等智能控制器配合完成自动检测与控制，往往要通过检测电路将传感器输出信号转换成标准信号，如电压、电流等。再通过 I-V 转换、A-D 转换电路得到数字信号，并送数字显示仪表进行位移值显示，或输出控制信号，实现位置检测与控制，类似于电气控制中的行程开关。

5. 电位器式位移传感器的分类

（1）线绕电位器式位移传感器 线绕电位器式位移传感器的电阻体由电阻丝缠绕在绝缘物上构成，电阻丝的种类很多，电阻丝的材料是根据电位器的结构、容纳电阻丝的空间、

电阻值和温度系数来选择的。电阻丝越细，在给定空间内能获得越大的电阻值和分辨力。但若电阻丝太细，在使用过程中容易断开，会影响传感器的寿命。

（2）非线绕电位器式位移传感器　为克服线绕电位器式位移传感器存在的缺点，人们在电阻的材料及制造工艺上下了很多功夫，发展出各种非线绕电位器式位移传感器，如合成膜电位器式位移传感器、金属膜电位器式位移传感器、导电塑料电位器式位移传感器、导电玻璃釉电位器式位移传感器、光电电位器式位移传感器等。

1）合成膜电位器式位移传感器。合成膜电位器式位移传感器的电阻体是用具有某一电阻值的悬浮液喷涂在绝缘骨架上形成电阻膜而成，这种传感器的优点是分辨力较高、阻值范围很宽（$100\Omega \sim 4.7M\Omega$）、耐磨性较好、工艺简单、成本低、输入输出信号的线性度较好等，其主要缺点是接触电阻大、容易吸潮、噪声较大等。

2）金属膜电位器式位移传感器：由合金、金属或金属氧化物等材料通过真空溅射或电镀方法，沉积在瓷基体上形成一层薄膜而成。金属膜电位器式位移传感器的接触电阻很小，耐热性好，满负荷温度可达70℃。与线绕电位器式位移传感器相比，它的分布电容和分布电感很小，所以特别适合在高频条件下使用。它的噪声信号仅高于线绕电位器式位移传感器。金属膜电位器式位移传感器的缺点是耐磨性较差，阻值范围窄，一般在 $10 \sim 100k\Omega$ 之间，这些缺点限制了它的使用。

3）导电塑料电位器式位移传感器：又称为有机实心电位器式位移传感器，这种传感器的电阻体是由塑料粉及导电材料的粉料经塑压而成。导电塑料电位器式位移传感器的耐磨性好、使用寿命长、允许电刷接触压力很大，因此它在振动、冲击等恶劣的环境下仍能可靠地工作。此外，它的分辨力较高，线性度较好，阻值范围大，能承受较大的功率。导电塑料电位器式位移传感器的缺点是阻值易受温度和湿度的影响，故准确度不易做得很高。

4）导电玻璃釉电位器式位移传感器：又称为金属陶瓷电位器，它是以合金、金属化合物或难熔化合物等为导电材料，以玻璃釉为黏合剂，经混合烧结在玻璃基体上制成的。导电玻璃釉电位器式位移传感器的耐高温性好，耐磨性好，有较宽的阻值范围，电阻温度系数小且抗湿性强。导电玻璃釉电位器式位移传感器的缺点是接触电阻变化大，噪声大，不易保证测量的高准确度。

5）光电电位器式位移传感器：是一种非接触式传感器，它用光束代替电刷，图6-6是光电电位器式位移传感器的结构图。光电电位器式位移传感器主要是由电阻体、光电导层和导电电极组成。光电电位器式位移传感器的制作过程是先在基体上沉积一层硫化镉或硒化镉的光电导层，然后在光电导层上再沉积一条电阻体和一条导电电极。在电阻体和导电电极之间留有一个窄间隙，平时无光照时，电阻体和导电电极之间由于光电导层电阻很大而呈现绝缘状态；当光束照射在电阻体和导电电极的间隙上时，由于光电导层被照射部位的亮电阻很小，使电阻体被照射部位和导电电极导通，于是光电电位器的输出端产生电压输出，

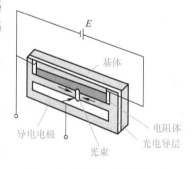

图 6-6　光电电位器式位移
传感器结构

输出电压的大小与光束位移照射到的位置有关，从而实现了将光束位移转换为电压信号输出。

光电电位器式位移传感器最大的优点是非接触型，不存在磨损问题，它不会对传感器系统带来任何有害的摩擦力矩，从而提高了传感器的准确度、寿命、可靠性及分辨力。光电电位器式位移传感器的缺点是接触电阻大，线性度差。由于它的输出阻抗较高，需要配接高输入阻抗的放大器。尽管光电电位器式位移传感器有着不少的缺点，但由于它的优点是其他电位器所无法比拟的，因此在许多重要场合仍得到应用。

6.1.3 任务实施

1. 电路原理

电位器式位移传感器的电阻为 5kΩ、10kΩ，常见的阻值还有 1kΩ、2kΩ 等。在工程应用中，需将阻值的变化转换成电压或电流等标准信号，电压主要有 0～5V、0～10V、±5V 和 ±10V，电流为 4～20mA。要将电阻变化转换成标准信号，可采用各企业生产的信号变换器，也可以自己根据实际情况进行设计制作。

目前，企业生产的信号变换器可分为内置式和外置式两种。内置式是将电路直接安装在传感器内部，而外置式已做成成品，可以方便地安装在传感器外面。电位器式位移传感器在位置检测中的应用电路图如图 6-7 所示。

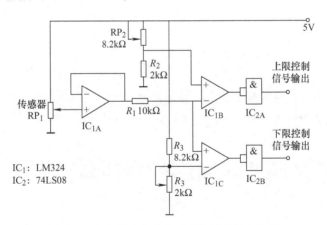

图 6-7　电位器式位移传感器位置检测电路图

图 6-7 中，RP_1 为位移传感器，若总机械行程小于 100mm，则可选行程为 100mm 的电位器式位移传感器。RP_1 滑动端输出电压经 IC_{1A} 构成的电压跟随器送到由 IC_{1B} 和 IC_{1C} 组成的电压比较器，分别输出行程下限和上限控制信号。RP_1 滑动端输出电压为 0～5V，则 IC_{1A} 输出也为 0～5V 电压。对于 IC_{1C} 来说，若实际行程小于下限行程（即 $V_+ < V_-$）时，则 IC_{1C} 输出为 0V；若实际行程超过下限行程（即 $V_+ > V_-$）时，则 IC_{1C} 输出为 5V，而此时 IC_{1B} 因其 $V_+ > V_-$ 而始终为 5V。对于 IC_{1B} 来说，当实际行程小于上限（即 $V_+ < V_-$）时，输出的上限控制信号为 5V；当实际行程超过上限（即 $V_+ > V_-$）时，此时 IC_{1B} 输出的上限控制信号为 0V，而此时的 IC_{1C} 因 $V_+ > V_-$ 一直保持为 5V。

图中 RP_2 用于调节上限位置，其调节范围是 20～100mm；RP_3 用于调节下限位置，其调节范围是 0～20mm。

2. 电路制作

根据原理图，选择合适的元器件制作电路，其中 RP_2、RP_3 为外接电位器，用于调节上、下限位置。

电路制作完成后，只要元器件参数正确且没有接错，电路参数不需要调试即可工作。每次工作前，要设置上、下限位置。

3. 电路调试

下限位置调节：将电位器式位移传感器调节到下限位置（如 5mm 的位置），此时调节 RP_3 使 IC_{2B} 输出为低电平；在工作过程中，当电位器的位移小于 5mm 时，IC_{2B} 输出为低电平。

上限位置调节：将电位器调到上限位置（如 80mm 的位置），调节 RP_2，使 IC_{2A} 输出为低电平，此时，当传感器运动超过此位置时，IC_{2B} 输出为低电平。

该电路输出的两个信号可作为系统工作的上、下限位置检测信号，此信号类似于机械运动中的行程开关。可将此信号送到控制电路作为往复运动的控制信号，也可将此信号送到 MCU，作为工件的位置信号。

6.1.4　任务总结

通过本任务的学习，应掌握如下知识重点：①电位器式位移传感器的基本原理；②电位器式位移传感器的特点；③电位器式位移传感器的应用电路。

电位器式位移
传感器

通过本任务的学习，应掌握如下实践技能：①能合理选用电位器式位移传感器；②能分析电位器式位移传感器的基本原理；③会调试位移传感器应用电路。

任务 2　光栅位移传感器在数控机床中的应用

6.2.1　任务目标

素质目标：培养自强不息的民族精神和爱国奉献的家国情怀。

通过本任务的学习，了解光栅的结构与类型，掌握光栅位移传感器测量位移的原理，熟悉光栅位移传感器应用电路的组成、实现方法。

为数控机床选用合适的光栅位移传感器，能进行光栅位移传感器的安装、调试，会分析简单的故障，进行简单的故障处理。

6.2.2　任务分析

光栅位移传感器是光电传感器的一种特殊应用。光栅位移传感器具有原理简单、测量准确度高、响应速度快、易于实现自动化和数字化等优点，被广泛应用于数控机床等闭环系统的线位移和角位移的精密测量以及数控系统的位置检测等。

光栅位移传感器是根据莫尔条纹原理制成的一种脉冲输出数字式传感器。

1. 光栅位移传感器的结构及分类

光栅位移传感器主要由光栅副、光源和光电元件等组成，光栅副即光栅尺，包括主光栅和指示光栅。实际的光栅位移传感器外形如图6-8所示，由主光栅、指示光栅、光敏元件及转换电路等组成。

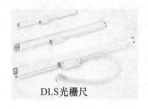

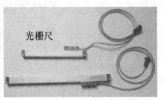

图6-8　光栅位移传感器外形

主光栅和被测物体相连，它随被测物体的移动而产生位移。当主光栅产生位移时，形成的莫尔条纹便随着产生位移，若用光电元件记录莫尔条纹通过某点的数目，便可知主光栅移动的距离，也就测得了被测物体的位移量。

光栅条纹如图6-9所示。其中，平行等距的刻线称为栅线，图6-9a为不透光区的宽度，图6-9b为透光区的宽度，一般情况下 $a=b$。$a+b=W$，W 称为光栅栅距（也称光栅节距或光栅常数），它是光栅的一个重要参数。常见长光栅的线纹密度为 25 条/mm、50 条/mm、100 条/mm、125 条/mm、250 条/mm 等。对于圆光栅，两条相邻刻线的中心线的夹角称为角夹距 r。这些刻线是等栅距角的向心条纹，整圆内的栅线数一般为 5400 ~ 64800 条。

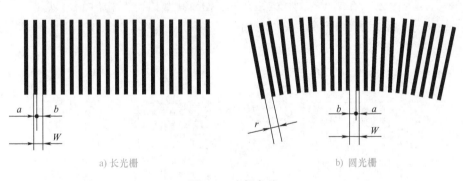

a) 长光栅　　　　　　　　　　　　　b) 圆光栅

图6-9　光栅条纹

光栅按光线的走向分，可分为透射式光栅和反射式光栅，结构示意图如图6-10所示。图6-10a为透射式光栅，是在光学玻璃基体上均匀地刻划间距、宽度相等的条纹，每条刻痕处不透光，而两条刻痕之间的狭缝透光，从而形成断续的透光区和不透光区。图6-10b是反射式光栅，一般用不锈钢或镀金属膜的玻璃作基体，用化学的方法制作出黑白相间的条纹，形成强光反光区和不反光区。直线光栅通常由一长和一短两块光栅配套使用，其中长的称为标尺光栅或长光栅，而短的为指示光栅或短光栅。透射式直线光栅的应用比较广泛。

按光栅的形状和用途可分为长光栅和圆光栅，前者用于测量长度，后者用于测量角度。其中，圆光栅又分为径向光栅和切向光栅，径向光栅是通过沿圆形基体的周边在直径方向上刻划栅线而形成，而切向光栅沿周边刻划，全部栅线都与中央的一个半径为 r 的小圆相切。

此外，按光栅的物理原理可分为黑白光栅（幅值光栅）和闪耀光栅（相位光栅）。长光

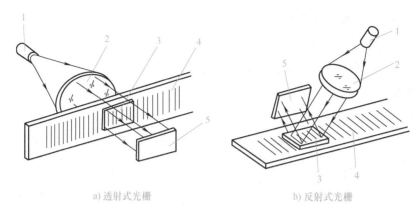

a) 透射式光栅　　　　　　　b) 反射式光栅

图 6-10　光栅的结构示意图

1—光源　2—透镜　3—指示光栅　4—标尺光栅　5—光敏元件

栅中有黑白光栅，也有闪耀光栅，两者均有透射式和反射式，而圆光栅一般只有黑白光栅，主要是透射光栅。

2. 工作原理及测量电路

（1）莫尔条纹　　光栅是利用莫尔条纹的形成原理进行工作的。如果把两块栅距 W 相等的光栅面平行安装，且让它们的刻痕之间有较小的夹角 θ，这时光栅上会出现若干条明暗相间的条纹，构成一系列四棱形图案。在两光栅刻线的重合处，光从缝隙透过，形成亮带，如图 6-11 中 $a-a$ 线所示。在两光栅刻线的错开处，由于相互挡光的作用而形成暗带，如图 6-11 中 $b-b$ 线所示。这种亮带和暗带形成明暗相间的条纹，称为莫尔条纹，条纹方向与刻线方向近似垂直。

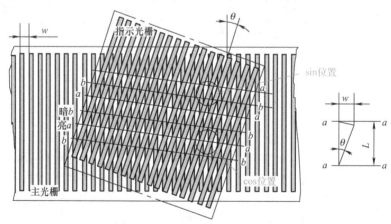

图 6-11　等栅距黑白投射光栅形成的莫尔条纹（$\theta \neq 0$）

相邻两莫尔条纹的间距为 L，其表达式为

$$L = \frac{W}{\sin\theta} \approx \frac{W}{\theta} \tag{6-7}$$

式中，W 为光栅栅距；θ 为两光栅刻线夹角，必须以弧度表示，式(6-7) 才成立。

当两光栅在栅线垂直方向相对移动一个栅距 W 时，莫尔条纹则在栅线方向移动一个莫

尔条纹间距 L。通常在光栅的适当位置（见图 6-11 中 sin 位置或 cos 位置）安装光敏元件。

莫尔条纹具有如下特性：

1）放大作用。莫尔条纹的间距是放大了的光栅栅距，它随着两块光栅栅线之间的夹角而改变。由于 θ 较小，所以具有明显的光学放大作用，其放大比为

$$K = \frac{L}{W} \approx \frac{1}{\theta} \tag{6-8}$$

光栅栅距很小，肉眼分辨不清，而莫尔条纹却清晰可见。

光栅的光学放大作用与安装角度有关，而与两光栅的安装间隙无关。莫尔条纹的宽度必须大于光敏元件的尺寸，否则光敏元件无法分辨光强的变化。

2）平均效应。莫尔条纹由大量的光栅栅线共同形成，所以，对光栅栅线的刻划误差有平均作用。通过莫尔条纹所获得的准确度可以比光栅本身栅线的刻划准确度还要高。

3）运动方向。当两光栅沿与栅线垂直的方向做相对运动时，莫尔条纹则沿光栅刻线方向移动（两者运动方向垂直）；光栅反向移动，莫尔条纹也反向移动。在图 6-12 中，当指示光栅向右移动时，莫尔条纹则向上移动。

4）对应关系。当指示光栅沿 x 轴自左向右移动时，莫尔条纹的亮带和暗带（$a-a$ 线和 $b-b$ 线）将顺序自下而上（y 方向）不断掠过光敏元件。光敏元件接收到的光强变化近似于正弦波变化。光栅移动一个栅距 W，光强变化一个周期，如图 6-12 所示。

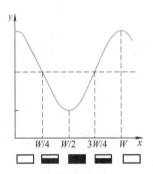

图 6-12 光栅位移与光强及
输出电压的关系

莫尔条纹移过的条纹数等于光栅移过的栅线数。例如，采用 100 线/mm 光栅时，若光栅移动了 x（单位为 mm），即移过了 $100x$ 条光栅栅线，则从光敏元件前掠过的莫尔条纹数也为 $100x$ 条。由于莫尔条纹间距比栅距宽得多，所以能够被光敏元件识别。将此莫尔条纹产生的电脉冲信号计数，就可知道移动的实际位移。

（2）测量电路 光栅测量系统由光源、聚光镜、光栅尺、光电元件和驱动电路等组成。光源采用普通的灯泡，发出辐射光线，经过聚光镜后变为平行光束，照射光栅尺。光电元件（常使用硅光电池）接收透过光栅尺的光信号，并将其转换成相应的电压信号。由于此信号比较微弱，在长距离传递时，很容易被各种干扰信号淹没，造成传递失真，驱动电路的作用就是将电压信号进行电压和功率放大。除标尺光栅与工作台一起移动外，光源、聚光镜、指示光栅、光电元件和驱动电路均装在一个壳体内，作为一个单独部件固定在机床上，这个部件称为光栅读数头，又叫光电转换器，作用是把光栅莫尔条纹的光信号变成电信号，再经过后续的测量电路输出反映位移大小、方向的脉冲信号。图 6-13 为光栅位移传感器测量电路的原理框图。

1）细分电路。由前面分析可知，当两光栅相对移动一个栅距 W 时，莫尔条纹移动一个间距 L，与门输出一个计数脉冲，则它的分辨力为一个光栅栅距 W。为了提高分辨力，一个方法是采用增加刻线密度来减小栅距，但这种方法受到制造工艺或成本的限制；另一种方法是采用细分技术，在不增加刻线数的情况下提高光栅的分辨力，即在光栅每移动一个栅距，莫尔条纹变化一个周期时，不是输出一个脉冲，而是输出均匀分布的 n 个脉冲，从而使分辨

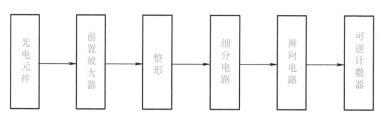

图 6-13 光栅位移传感器测量电路原理框图

力提高到 W/n。细分越多,分辨力越高。由于细分后计数脉冲的频率提高了,因此细分又称为倍频技术。

直接细分又称位置细分,常用的细分数为 4。4 细分可用 4 个依次相隔的光电元件,当莫尔条纹移动时,4 个光电元件依次输出相位差 90°的电压信号,经过零比较器鉴别出 4 个信号的零电平,并发出计数脉冲,即 1 个莫尔条纹周期内发出 4 个脉冲,实现了 4 细分。

直接细分的优点是:对莫尔条纹信号波形要求不严格,电路简单,可用于静态和动态测量系统。缺点是:光电元件安放困难,细分数不能太高。未细分与细分的波形比较如图 6-14 所示,图 6-14a 中 u 为输入正弦波形,u_X 为整形波形,u_W 为辨向波形,H 为输出波形,1 个输入波形对应 1 个输出;图 6-14b 中 u_1 和 u_2 是相差 180°的输入正弦波形,$u_{1X} \sim u_{4X}$ 为整形后各相位差 90°的电压波形,$u_{1W} \sim u_{4W}$ 为辨向后波形,H 为输出波形,1 个输入波形对应 4 个输出波形,实现 4 细分。

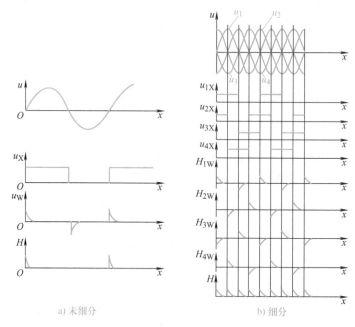

a) 未细分   b) 细分

图 6-14 未细分与细分的波形比较图

① 电桥细分法(矢量和法):

$$u_{sc} = \frac{R_2}{R_1 + R_2} e_1 + \frac{R_1}{R_1 + R_2} e_2 \tag{6-9}$$

$$u_{sc} = \frac{A\sin(\theta + \alpha)}{\sin\alpha + \cos\alpha} \tag{6-10}$$

电阻电桥细分法用于 10 细分,电路图如图 6-15 所示,电阻电桥结构如图 6-16 所示。

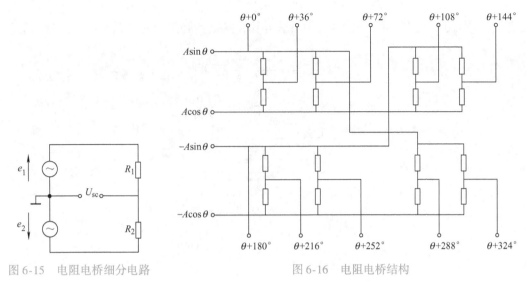

图 6-15 电阻电桥细分电路   图 6-16 电阻电桥结构

② 电阻链细分法(电阻分割法)。等电阻链细分法电路如图 6-17 所示。

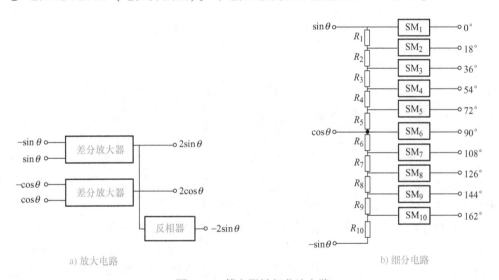

a) 放大电路   b) 细分电路

图 6-17 等电阻链细分法电路

2)辨向电路。如果传感器只安装一套光敏元件,在实际应用中,无论光栅做正向移动还是反向移动,光敏元件都产生相同的正弦信号,是无法分辨移动方向的。为此,必须设置辨向电路。

为了辨向,通常可以在沿光栅线的 y 方向上相距 $(m \pm 1/4)L$(相当于电角度 1/4 周期)的距离处设置 sin 和 cos 两套光电元件,如图 6-18 中的 sin 和 cos 位置。这样就可以得到两个相位相差 $\pi/2$ 的电信号 u_{os} 和 u_{oc},经放大、整形后得到 u'_{os} 和两个方波信号,分别送到图 6-18a 所示的辨向电路中。从图 6-18b 可以看出,在指示光栅向右移动时,u'_{os} 的上升沿经 R_1、C_1 微分后产生的尖脉冲正好与高电平相与。IC_1 处于开门状态,与门 IC_1 输出计数脉冲,并送到计数器的 UP 端(加法端)做加法计数,而 u'_{os} 经 IC_3 反相后产生的微分尖脉冲正好被 u'_{oc} 的低电平封锁，与门 IC_2 无法产生计数脉冲，始终保持低电平。

反之，当指示光栅向左移动时，由图 6-18c 可知，IC_1 关闭，IC_2 产生计数脉冲，并被送到计数器的 DOWN 端（减法端），做减法计算，从而达到辨别光栅正、反方向移动的目的。

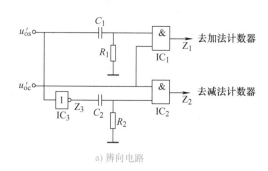

a) 辨向电路

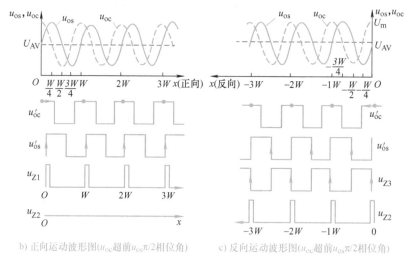

b) 正向运动波形图(u_{oc}超前u_{os}π/2相位角)　　　c) 反向运动波形图(u_{oc}超前u_{os}π/2相位角)

图 6-18　辨向电路原理图

辨向电路各点波形如图 6-19 所示。

图 6-20 给出了一种 4 细分辨向测量电路。它是在相距 $L/4$ 的位置上，放置两个光电元件，首先得到相位差 90°的两路正弦信号 S 和 C，然后将此两路信号送入图 6-20a 所示的细分辨向电路。这两路信号经过放大器放大，再由整形电路整形为两路方波信号，并将这两路信号各反相一次，就可以得到四路相位依次为 0°、90°、180°、270°的方波信号，经过 RC 微分电路输出 4 个尖脉冲信号。当指示光栅正向移动时，4 个微分信号分别和有关的高电平相与。同辨向原理中阐述的过程相类似，可以在一个 W 的位移内，在 IC_1 的输出端得到 4 个加法计数脉冲，如图 6-20b 中 u_{Z1} 波形所示，而 IC_2 保持低电平。当光栅移动一个栅距 W 时，可以产生 4 个脉冲信号；反之，就在 IC_2 的输出端得到 4 个减法脉冲。这样，可逆计数器的计数值就能正确地反映光栅的位移值。

3. 轴环式光栅数显表

为了光栅位移传感器的应用方便，国内生产光栅位移传感器的厂家都研制了多种型号的光栅数显表，可以和光栅位移传感器进行很好的连接。对于用户来说，只要能根据被测量设

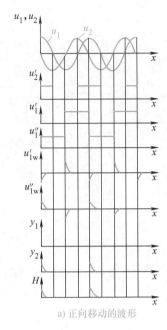

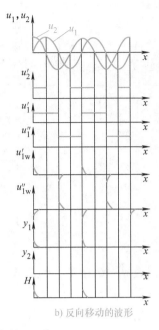

a) 正向移动的波形   b) 反向移动的波形

图 6-19 辨向波形

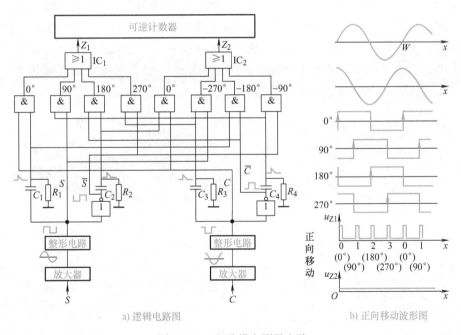

a) 逻辑电路图   b) 正向移动波形图

图 6-20 4 细分辨向测量电路

备（如机床）的最大行程选择合适的光栅位移传感器及光栅数显表，即可构成数字式位移测量系统。目前，光栅数显表主要有两种类型，即数字逻辑电路数显表和以 MCU 为核心的智能化数显表。前者以传统的放大整形、细分、辨向电路、可逆计数器及数字译码显示器等电路组成。随着可编程逻辑器件的广泛使用，将细分、辨向、计数器、译码驱动电路通过 CPLD 来实现，使得数显表的电路大为简化，体积缩小很多。

图 6-21 是基于 MCU 的数显表功能框图，光栅传感器的输出信号经放大、整形电路后，送到 MCU 及相关电路进行辨向、细分及计数，数据处理后将位移值显示出来。由于微控制器具有强大的处理能力，此类数显表除了能显示位移之外，还能进行实时数据打印，并可以和上位机进行通信，这是这类数显表的主要优势。

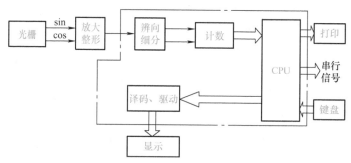

图 6-21　基于 MCU 的数显表功能框图

轴环式光栅数显表结构和测量框图如图 6-22 所示。它的主光栅用不锈钢圆薄片制成，可用于角位移测量。定片（指示光栅）固定，动片（主光栅）与外接旋转轴相连并转动。动片表面均匀地刻有 500 条透光条纹，如图 6-22b 所示。定片为圆弧形薄片，在其表面刻有两组透光条纹（每组 3 条），定片上的条纹与动片上的条纹成一角度 θ。两组条纹分别与两组红外发光二极管和光电晶体管对应。当动片旋转时，产生的莫尔条纹亮暗信号由光电晶体管接收，相位正好相差 $\pi/2$，即第一个光电晶体管接收到正弦信号，第二个光电晶体管接收到余弦信号。经整形电路处理后，两者仍保持相差 1/4 周期的相位关系。再经过细分及辨向电路，根据运动的方向来控制可逆计数器做加法或减法计数，测量电路框图如图 6-22c 所示。测量显示的零点由外部复位开关完成。

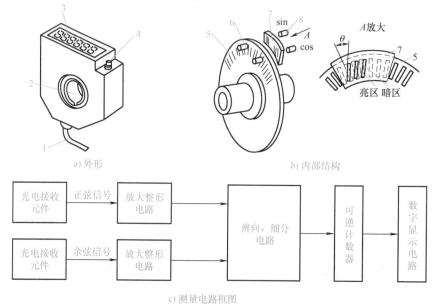

图 6-22　轴环式光栅数显表结构和测量框图

1—电源线（5V）　2—轴套　3—数字显示器　4—复位开关
5—主光栅　6—红外发光二极管　7—指示光栅　8—光电晶体管

6.2.3 任务实施

1. 合理选择光栅位移传感器

根据光栅位移传感器的相关知识，数控机床的位移控制可选用直线光栅位移传感器。图6-23为直线光栅位移传感器的结构示意图。光源、透镜、指示光栅和光电元件固定在机床床身上，主光栅固定在机床的运动部件上，可往复移动。安装时，指示光栅和主光栅要有一定的间隙。光栅位移传感器的光源一般为钨丝白炽灯或发光二极管；光电元件为光电池或光电晶体管。

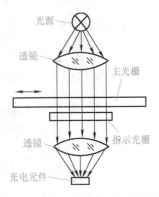

图6-23 直线光栅位移传感器的结构示意图

2. 光栅位移传感器的安装

光栅位移传感器的安装比较灵活，可安装在机床的不同部位，一般将主尺安装在机床的工作台（滑板）上，随机床走刀而动，读数头固定在床身上，尽可能使读数头安装在主尺的下方，此时输出导线不会移动、易固定。反之亦可，但对读数头引出电缆线的固定要采取保护措施。合理的安装方式必须考虑切屑、切削液及油液的溅落方向，以防止它们侵入光栅内部。如果由于安装位置的限制必须采用读数头朝上的方式安装，则必须增加辅助密封装置。

（1）基面的安装　光栅位移传感器对安装基面也有一定要求，不能直接固定在粗糙不平的床身上，更不能安装在打底涂漆的机床身上。安装基面的直线度误差≤0.1mm/m，表面粗糙度值 Ra≤6.3μm，与机床相应导轨的平行度误差在全长范围内≤0.1mm。如达不到此要求，则要求制作专门的光栅主尺尺座和一个与床身基座等高的读数头基座。

基座要求做到：①应加一个与光栅尺尺身长度相等的基座（最好基座长出光栅尺50mm左右）；②该基座通过铣、磨工序加工，保证其平面平行度误差在0.1mm/1000mm以内。

另外，还需加工一个与尺身基座等高的读数头基座。读数头的基座与尺身的基座总共误差不得大于±0.2mm。

（2）主尺的安装　将光栅主尺用M4螺钉固定在机床安装的工作台安装面上，但不要上紧，把千分表固定在床身上，移动工作台（主尺与工作台同时移动）。用千分表测量主尺平面与机床导轨运动方向的平行度，调整主尺M4螺钉位置，使主尺平行度误差满足在0.1mm/1000mm以内，最后把M4螺钉彻底上紧。在安装光栅主尺时，应注意如下三点：

1）在装主尺时，如安装超过1.5m以上的光栅，不能像桥梁式只安装两个端头，还需在整个主尺尺身中有支撑。

2）安装好后，最好用一个卡子卡住尺身中点（或几点）。

3）不能安装卡子时，最好用玻璃胶粘住光栅尺身，使基尺与主尺固定好。

（3）读数头的安装　在安装读数头时，首先应保证读数头的基面达到安装要求，然后再安装读数头，其安装方法与主尺相似。最后调整读数头，使读数头与光栅主尺平行度误差保证在0.1mm之内，其读数头与主尺的间隙控制在1~1.5mm以内。

（4）限位装置的安装　光栅位移传感器全部安装完以后，一定要在机床导轨上安装限位装置，以免机床加工产品移动时读数头冲撞到主尺两端，从而损坏光栅尺。另外，用户在选购光栅位移传感器时，应尽量选用超出机床加工尺寸100mm左右的光栅尺，以留有余量。

对于一般的机床加工环境来讲，铁屑、切削液及油污较多。因此，光栅位移传感器应附带加装护罩，护罩的设计是按照光栅位移传感器的外形截面放大留一定的空间尺寸确定的，护罩通常采用橡胶密封，使其具备一定的防水防油能力。

3. 光栅位移传感器的检查

1）光栅位移传感器安装完毕后，可接通数显表，移动工作台，观察数显表计数是否正常。

2）在机床上选取一个参考位置，来回移动工作点至该点，数显表读数应相同（或回零）。

3）使用千分表（或百分表）和数显表对比检测，同时调至零（或记忆起始位置），往返多次后回到初始位置，检查数据是否一致，比对后进行校正，确保数显表测量正确。

4. 常见故障及检修方法

（1）接电源后数显表无显示   检修方法如下：

1）检查电源线是否断线，插头接触是否良好。

2）检查数显表电源熔丝是否熔断，供电电压是否符合要求。

（2）数显表不计数   检修方法如下：

1）将传感器插头换至另一台数显表，若传感器能正常工作，说明原数显表有问题。

2）检查传感器电缆有无断线、破损。

（3）数显表间断计数   检修方法如下：

1）检查光栅尺安装是否正确，光栅尺所有固定螺钉是否松动，光栅尺是否被污染。

2）插头与插座是否接触良好。

3）光栅尺移动时是否与其他部件刮碰、摩擦。

4）检查机床导轨运动副准确度是否过低，造成光栅工作间隙变化。

（4）数显表显示报警   可能的故障原因如下：

1）没有接光栅位移传感器。

2）光栅位移传感器移动速度过快。

3）光栅尺被污染。

（5）光栅位移传感器移动后只有末位显示器闪烁   可能的故障原因如下：

1）A 或 B 相无信号或不正常，或只有一相信号。

2）有一路信号线不通。

3）光电晶体管损坏。

（6）移动光栅位移传感器只有一个方向计数，而另一个方向不计数（即单方向计数）可能的故障原因如下：

1）光栅位移传感器 A、B 信号输出短路。

2）光栅位移传感器 A、B 信号移相不正确。

3）数显表有故障。

（7）读数头移动发出"吱吱"声或移动困难   可能的故障原因如下：

1）密封胶条有裂口。

2）指示光栅脱落，标尺光栅严重接触摩擦。

3）下滑体滚珠脱落。

4）上滑体严重变形。

（8）新光栅位移传感器安装后，其显示值不准　可能的故障原因如下：

1）安装基面不符合要求。

2）光栅尺尺体和读数头安装不符合要求。

3）严重碰撞使光栅副位置变化。

5. 使用注意事项

1）对光栅位移传感器与数显表插头插拔时应关闭电源后进行。

2）尽可能外加保护罩，对主尺要全部防护，并及时清理溅落在尺上的切屑和油液，严格防止任何异物进入光栅位移传感器壳体内部。

3）光栅位移传感器应尽量避免在有严重腐蚀性的环境中工作，以免腐蚀光栅铬层及光栅尺表面，破坏光栅尺质量。

4）为延长防尘密封条的寿命，可在密封条上均匀涂上一薄层硅油，注意勿溅落在玻璃光栅刻划面上。

5）为保证光栅位移传感器使用的可靠性，可每隔一定时间用乙醇混合液（50%）清洗擦拭光栅尺面及指示光栅面，保持玻璃光栅尺面清洁。

6）光栅位移传感器严禁剧烈振动及摔打，以免破坏光栅尺，如光栅尺断裂，光栅位移传感器即失效。

7）不要自行拆开光栅位移传感器，更不能任意改动主栅尺与副栅尺的相对间距，否则一方面可能破坏光栅位移传感器的准确度；另一方面还可能造成主栅尺与副栅尺的相对摩擦，损坏铬层，也就损坏了栅线，从而造成光栅尺报废。

8）应注意防止油污及水污染光栅尺面，以免破坏光栅尺线条纹分布，引起测量误差。

9）定期检查各安装连接螺钉是否松动。

6.2.4　任务总结

通过本任务的学习，应掌握如下知识重点：①光栅的结构与类型；②光栅位移传感器测量位移的原理；③光栅位移传感器应用电路的组成、实现方法。

通过本任务的学习，应掌握如下实践技能：①能正确选用光栅位移传感器；②能进行光栅位移传感器的安装、调试；③会分析简单的故障，进行简单的故障处理。

任务3　　磁栅位移传感器在步进电动机控制系统中的应用

6.3.1　任务目标

素质目标：培养爱岗敬业的职业品格和坚忍不拔的奋斗精神。

通过本任务的学习，理解磁栅位移传感器的工作原理和分类，掌握磁栅位移传感器在控制领域中的应用范围。

6.3.2 任务分析

步进电动机是一种离散运动装置，它和现代数字控制技术有着密切的联系。在目前国内的数字控制系统中，步进电动机的应用十分广泛。但传统的步进电动机的控制方式为开环控制，起动频率过高或负载过大，易出现丢步或堵转，停止时转速过高，易出现过冲。为保证其控制准确度，应处理好升、降速问题。针对步进电动机控制中易丢步或失控的情况，采用磁栅位移传感器作为位置检测装置，通过检测步进电动机的位移，并把位移信号转换为脉冲信号反馈给 PLC 实现闭环控制，使步进电动机的控制性能达到和交流伺服电动机一样的控制效果，同时降低了控制系统的成本。

磁栅位移传感器是一种测量大位移的新型数字式传感器，主要用于大型机床和精密机床作为位置或位移量的检测元件，其行程可达数十米，分辨力大于 $1\mu m$，允许最高工作速度为 $12m/min$，适用的温度范围为 $0 \sim 40℃$。磁栅位移传感器具有结构简单、使用方便、动态范围大（$1 \sim 20m$）和磁信号可以重新录制等优点；其缺点是需要屏蔽和防尘。图 6-24 给出了磁栅位移传感器在磨床测长系统中的应用。

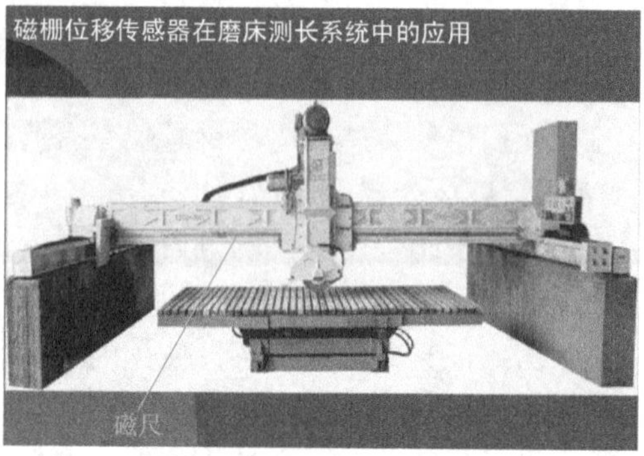

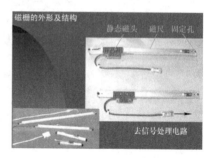

图 6-24 磁栅传感器在磨床测长系统中的应用

1. 磁栅位移传感器的结构和工作原理

磁栅位移传感器由磁尺（磁栅）、磁头和检测电路组成，磁栅的外形及结构如图 6-25 所示。磁栅位移传感器的工作原理是电磁感应原理，当线圈在一个周期性磁体表面附近匀速运动时，线圈上就会产生不断变化的感应电动势。感应电动势的大小，既和线圈的运动速度有关，还和周期性磁体与线圈接触时的磁性大小及变化率有关。根据感应电动势的变化情况，就可获得线圈与周期性磁体的相对位置和运动信息。

图 6-25 磁栅的外形及结构

磁栅是有磁化信息的标尺，磁栅即磁尺，是在非磁性体的平整表面上镀一层约 0.02mm 厚的 Ni-Co-P 磁性薄膜，并用录音磁头沿长度方向按一定的激光波长 λ 刻录上磁性刻度线而构成，如图 6-26 所示，其中上部为不导磁的基底，下部 N-S 及 S-N 为录制磁信息的栅条。

录制磁信息时，要使磁尺固定，磁头根据来自激光波长的基准信号，以一定的速度在其长度方向上边运行边流过一定频率的相等电流，这样就在磁尺上记录了相等节距的磁化信息而形成磁栅。当需要时，可将原来的磁信号（磁栅）抹去，重新录制。还可以安装后再录制磁信号，这对于消除安装误差以及提高测量准确度都是十分有利的。采用激光定位录磁时，准确度较高，分辨力可达 0.01mm/m。

磁栅录制后的磁化结构相当于一个个小磁铁按 NS、SN、NS、…状态排列起来，如

图 6-26 所示。因此在磁栅上的
磁场强度呈周期性地变化，并
在 N-N 或 S-S 相接处为
最大。

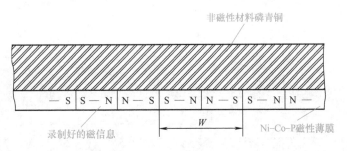

　　磁头按读取方式不同，分为
动态磁头和静态磁头两种。

图 6-26　磁栅的磁化结构

　　(1) 动态磁头　动态磁头上
只有一个输出绕组，只有当磁头
和磁尺相对运动时才有信号输出，因此又称动态磁头为速度响应磁头。运动速度不同，输出
信号的大小和周期也不同，因此，对运动速度不均匀的部件，或时走时停的机床，不宜采用
动态磁头进行测量。但动态磁头测量位移较简单，磁头输出为正弦信号，在 N、N 处达到正
向峰值，在 S、S 处为负向峰值，如图 6-27 所示，通过计数磁尺的磁节距个数 n （或正弦波
周期个数），可得出磁头与磁尺间的相对位移 X 为

$$X = nW \tag{6-11}$$

式中，n 为正弦波周期个数（磁节距个数）；W 为磁节距。

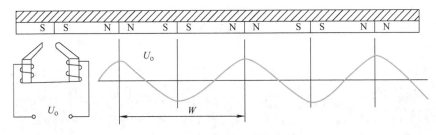

图 6-27　动态磁头输出波形与磁栅位置关系

　　(2) 静态磁头　静态磁头是一种调制式磁头，磁头上有两个绕组：一个是激励绕组，
用以加激励电压；另一个是输出绕组。即使在磁头与磁尺之间处于相对静止时，也会因为有
交变激励信号使输出绕组有感应电压信号输出。

　　如图 6-28 所示，静态磁头和磁尺之间有相对运动时，输出绕组产生一个新的感应电压
信号输出，它作为包络调制在原感应电压信号频率上。该电压随磁尺磁场强度周期的变化而
变化，从而将位移量转换成电信号输出。检测电路主要用来供给磁头激励电压和把磁头检测
到的信号转换为脉冲信号输出并以数字形式显示出来。磁头总的输出信号为

$$U = U_{\mathrm{m}} \sin\left(2\omega t + \frac{2\pi x}{W}\right) \tag{6-12}$$

　　可见输出信号是一个幅值不变、相位随磁头与磁栅相对位置变化而变化的信号，可用鉴
相电路测出该调相信号的相位，从而测出位移。

2. 磁栅的测量方式

　　磁栅的测量方式有鉴幅测量和鉴相测量两种方式。鉴幅测量方式检测电路比较简单，但
分辨力受到录磁节距的限制，所以不常采用。采用相位检测的准确度较高，并可以通过提高
内插脉冲频率以提高系统的分辨力。将图 6-28 中一组磁头的励磁信号移相90°，则得到输出

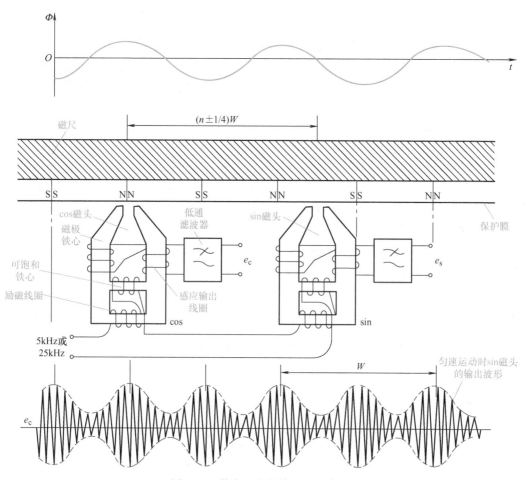

图 6-28　静态磁头结构及输出波形

电压为

$$U_1 = U_0 \sin 2x \cos \omega t \tag{6-13}$$

$$U_2 = U_0 \cos 2x \sin \omega t \tag{6-14}$$

在求和电路中相加，得到磁头总输出电压为

$$U = U_0 \sin(\omega t + 2x) \tag{6-15}$$

式中，U_0 为输出电压系数；x 为磁头相对磁尺的位移；ωt 为磁尺上磁化信号的励磁电压的角频率。

由图 6-29 可知，合成输出电压 U 的幅值恒定，而相位随磁头与磁尺的相对位置 x 变化而变化。根据 PLC 脉冲计数器读出输出信号的相位，就可确定磁头的位置。

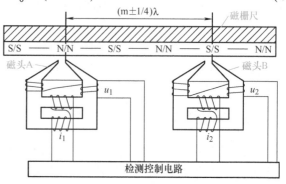

图 6-29　磁栅测量电路

6.3.3　任务实施

系统编程环境是西门子 STEP7-Micro/Win，软件流程如图 6-30 所示。先对步进电动机以及高速脉冲计数器进行参数初始化，在 STEP7-Micro/Win 中集成了高速脉冲程序块，可方便地对步进电动机的脉冲周期、脉冲数、工作模式以及高速计数器的工作模式、初始计数值等进行初始化。磁栅位移传感器的分辨力为 $10\mu m$，即每读取 100 个脉冲步进电动机相当于产生了 1mm 的位移。根据磁栅位移传感器的分辨力以及步进电动机的步距角来初始化高速计数器的计数初始值以及步进电动机的脉冲周期，同时要满足系统工作台的扫描区域的要求。

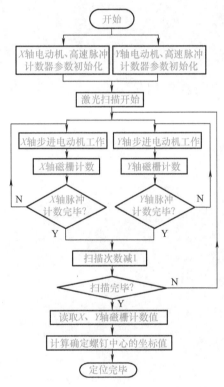

图 6-30　磁栅测控软件流程

在步进电动机控制系统中引入磁栅位移传感器作为反馈单元，解决了传统步进电动机开环控制中常见的丢步或失控的问题，提高了步进电动机的控制准确度。

6.3.4　任务总结

通过本任务的学习，应掌握如下知识重点：①栅的结构与类型；②磁栅位移传感器测量位移的原理；③磁栅位移传感器应用电路的组成、实现方法。

通过本任务的学习，应掌握如下实践技能：①能正确选用磁栅位移传感器；②能进行磁栅位移传感器的安装、调试。

复习与训练

6-1 测量位移的方法有哪些？可以使用哪些传感器？

6-2 位移传感器的技术参数和选用原则是什么？

6-3 莫尔条纹是如何形成的？有何特点？

6-4 简述光栅位移传感器的类型和结构。

6-5 简述辨向原理和细分技术。

6-6 磁栅位移传感器有什么特点？应用范围有哪些？

项目7

环境传感器的应用

任务 1 　气敏传感器在家用气体监控系统中的应用

7.1.1　任务目标

素质目标：培养环保意识、安全意识和创新创业精神。

通过本任务的学习，掌握气敏传感器的参数、基本原理，依据所选择的气敏传感器设计接口电路，并完成电路的制作与调试。

设计一家用型气体检测监控电路，可随时监测气体是否泄漏，一旦泄漏气体达到危险浓度，便自动发出报警信号，并启用排风扇换气。

7.1.2　任务分析

对气体的检测已经是保护和改善生态居住环境不可缺少的手段，气敏传感器发挥着极其重要的作用。家庭所用的热源有煤气、天然气、石油液化气等，这些气体的泄漏造成爆炸、火灾、中毒的事故时有发生，对人身和财产的安全造成了威胁，因此采用气敏传感器对这些气体进行检测和监控十分必要。气敏传感器最早用于有毒有害、可燃性气体的泄露检测、报警，以防止意外事故的发生，保证安全生产。目前，气敏传感器已广泛用于工业生产过程的检测与自动控制、环境监测、医疗卫生、有毒有害气体的检测。

气敏传感器是能够感知环境中某种气体及其浓度的一种敏感元件，它将气体种类及其浓度有关的信息转换成电信号，根据这些电信号的强弱便可获得与待测气体在环境中存在情况有关的信息，从而可以进行检测、监控和报警，还可以通过接口电路与计算机组成自动检测、控制和报警系统。

气敏传感器在现场使用，要承受各种恶劣环境和气氛的影响，特别是固定式仪器的气敏传感器，需要长期连续运转，又有防爆和供电容量的限制，因此对气敏传感器的要求非常严格。一般考察传感器以下几个指标：检测范围和分辨力；抗中毒能力和寿命；检测准确度和重复性；抗温湿度影响能力；稳定性和零点漂移；安全性，防爆性能；反应速度；互换性和检修方便性；选择性和抗干扰能力；体积小，重量轻；电流小，节电性能好。

1. 气敏传感器的选用原则

气敏传感器的类型较多，其性能差异也大，在实际应用时应根据具体的使用场合、条件和要求进行合理选择，做到既经济合理又安全可靠。目前，对于气体成分浓度的测量都采用一体式仪器完成。这类仪器就是将气敏传感器、测量电路、显示器、报警器、电源（充电电池)、抽气泵等组装成一个整体,成为一体式仪器。对某一种气敏传感器的选择实际上就是对某一种气体检测仪的选择。选择时应把握以下几点:

(1) 确认所要检测气体的种类和浓度范围 每一个生产部门所遇到的气体种类都是不同的。在选择气体检测仪时就要尽可能考虑到所有可能发生的情况。对有害气体的检测有两个目的,第一是测爆,第二是测毒。测爆的范围是 0 ~ 100% LEL,测毒的范围是 0 到百万分之几十(或几百),两者相差很大。危险场所有害气体有三种情况,第一种是无毒(或低毒)可燃,第二种是不燃有毒,第三种是可燃有毒。前两种情况容易确定,第一测爆,第二测毒,第三种情况如果有人员暴露则测毒,如果无人员暴露可测爆。测爆选择可燃气体检测报警仪,测毒选择有毒气体检测报警仪。

(2) 确定使用场合 根据工业环境的不同,选择气体检测仪的种类也不同。检测仪有两种类型:便携式和固定式。生产或储存岗位长期运行的泄漏检测选用固定式检测报警仪;其他如检修检测、应急检测、进入检测和巡回检测等选用便携式(或袖珍式)仪器。

(3) 选择仪器型号 要考虑以下几点原则:生产厂家讲诚信、信誉好。生产的产品质量有保证,通过 ISO9002 质量体系认证,具有技术监督部门颁发的 CMC 生产许可证,具有消防、防爆合格证;选择的产品功能指标要符合国际标准的要求;仪器的检测原理要适应检测对象和检测环境的要求。

2. 气敏传感器的主要参数与特性

(1) 灵敏度 气敏传感器的灵敏度是指元件对被测气体的敏感程度。通常用气敏传感器在一定浓度的检测气体中的电阻与正常空气中的电阻之比来表示灵敏度,常用 S 表示(或用 β 表示)。N 型半导体气敏元件检测甲烷、一氧化碳、天然气、煤气、液化石油气、乙炔、氢气等还原性气体时,灵敏度可表示为

$$S = \frac{R_a}{R_g} \tag{7-1}$$

式中,R_a、R_g 分别表示气敏元件在空气和一定浓度检测气体中的电阻值。

对于 P 型半导体气敏元件,检测甲烷、一氧化碳、天然气、煤气、液化石油气、乙炔、氢气等还原性气体时,灵敏度可表示为

$$S = \frac{R_g}{R_a} \tag{7-2}$$

P 型半导体气敏元件检测氧气、氯气及二氧化碳等氧化性气体时,灵敏度可表示为

$$S = \frac{R_a}{R_g} \tag{7-3}$$

S 越大,表明气敏传感器的灵敏度越高;S 越小,表明灵敏度越低。

(2) 选择性 选择性指在多种气体共存的条件下,气敏传感器具有的区分气体种类的能力。以待测气体的灵敏度与干扰气体的灵敏度之比 D 表示分辨力。分辨力可用下式表示:

$$D = \frac{S_{g1}}{S_{g2}} \tag{7-4}$$

式中,S_{g1} 表示传感器对待测气体的灵敏度;S_{g2} 表示传感器对干扰气体的灵敏度。

当相同浓度的几种气体共存时,传感器对某种气体具有较高的灵敏度,而对其余几种气

体的灵敏度比较低，即 D 值较大，就说明这种传感器对灵敏度高的气体具有较好的选择性。

（3）响应时间 t_{res}　响应时间代表气敏元件对被检测气体的响应速度。从原则上讲，响应越快越好，即气敏元件接触被测气体或气体浓度一有变化，元件阻值马上随之变化到其确定阻值，但实际上总要有一段时间才能达到稳定值。定义响应时间 t_{res} 为元件接触被测气体后，电阻达到该浓度下稳定阻值90%时所需的时间。

（4）恢复时间 t_{rec}　与响应时间不同，恢复时间表示气敏元件对被检测气体的脱附速度，又称脱附时间。同样，也希望这一时间越快越好。定义恢复时间 t_{rec} 为元件脱离检测气体开始，到其阻值恢复到正常空气中阻值10%所需的时间。

（5）长期稳定性　长期稳定性指当气体浓度不变时，若其他条件发生变化，在规定的时间内气敏元件输出特性维持不变的能力。它表示气敏元件对于气体浓度以外因素的抵抗能力。

3. 气敏传感器的分类

气敏传感器种类较多，下面简单介绍几种典型元件。

（1）半导体气敏传感器　半导体气敏传感器是利用半导体气敏元件同气体接触，造成半导体性质变化，来检测气体的成分或浓度的传感器。半导体气敏传感器大体可分为电阻式和非电阻式两大类，见表7-1。

表7-1　半导体气敏传感器分类

类型	主要的物理特性		传感器举例	工作温度	典型被测气体
电阻式	电阻	表面控制型	氧化锡、氧化锌	室温-450℃	可燃气体
		体控制型	氧化钛、氧化钴、氧化镁、氧化锡	700℃以上	酒精、可燃性气体（如燃气等）
非电阻式	表面电位		氧化银	室温	硫醇
	二极管整流特性		铂/硫化镉、铂/氧化钛	室温-200℃	氢气、一氧化碳、酒精
	晶体管特性		铂栅MOS场效应晶体管	150℃	氢气、硫化氢

电阻式半导体气敏传感器大多使用金属氧化物半导体材料作为气敏元件，当被测气体在该半导体表面被吸附后，在半导体表面发生的氧化和还原反应导致敏感元件阻值变化。半导体气敏元件有 N 型和 P 型之分。N 型在检测时阻值随气体浓度的增大而减小；P 型阻值随气体浓度的增大而增大。

非电阻式半导体气敏传感器是利用 MOS 二极管的电容-电压特性的变化以及 MOS 场效应晶体管（MOSFET）的阈值电压的变化等特性而制成的气敏元件。此类元件的制造工艺成熟，便于元件集成化，因而其性能稳定且价格便宜。利用特定材料还可以使元件对某些气体特别敏感。

当半导体被加热到稳定状态，在气体接触半导体表面而被吸附时，被吸附的分子首先在表面自由扩散，失去运动能量，一部分分子被蒸发掉，另一部分残留分子产生热分解而固定在吸附处（化学吸附）。当半导体的功函数小于吸附分子的亲和力（气体的吸附和渗透特性）时，吸附分子将从半导体夺得电子而变成负离子吸附，半导体表面呈现电荷层。

例如 SnO_2 金属氧化物半导体气敏材料，属于 N 型半导体，温度200~300℃时它吸附空气中的氧，形成氧的负离子吸附，使半导体中的电子密度减小，从而使其电阻值增大。当遇到有能供给电子的可燃气体（如 CO 等）时，原来吸附的氧脱附，而由可燃气体以正离子状态吸附在金属氧化物半导体表面；氧脱附放出电子，可燃性气体以正离子状态吸附也要放出电子，从而使氧化物半导体导带电子密度增大，电阻值下降。可燃性气体消失，金属氧化物半导体又会自动恢复氧的负离子吸附，使电阻值升高到初始状态。

当氧化型气体吸附到 N 型半导体上、还原型气体吸附到 P 型半导体上时，半导体载流子将减少，而使电阻值增大。当还原型气体吸附到 N 型半导体上、氧化型气体吸附到 P 型半导体上时，载流子增多，使半导体电阻值下降。由于空气中的含氧量大体上是恒定的，因此氧的吸附量也是恒定的，元件阻值也相对固定。若气体浓度发生变化，其阻值也将变化。根据这一特性，可以从阻值的变化得知吸附气体的种类和浓度。半导体气敏时间（响应时间）一般不超过 1min。

图 7-1 所示为典型气敏元件的阻值-浓度关系。可以看出，元件对不同气体的敏感程度不同，如对乙醚、乙醇、氢气等具有较高的灵敏度，而对甲烷的灵敏度较低。一般地，随着气体的浓度增加，元件阻值明显增大，在一定范围内成线性关系。

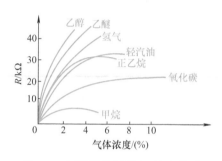

图 7-1 气敏元件的阻值-浓度关系

半导体气敏传感器按其结构可分为烧结型、薄膜型和厚膜型。烧结型气敏元件制作简单，主要用于检测还原性气体、可燃性气体和液体蒸气，但机械强度较差，电特性误差较大。薄膜型气敏元件敏感膜颗粒很小，具有很高的灵敏度和响应速度，有利于元件的低功耗、小型化，以及与集成电路制造技术兼容。厚膜型气敏元件一致性较好，机械强度高，适于批量生产。

这些气敏元件全部附有加热器，它的作用是将附着在探测部分处的油雾、尘埃等烧掉，同时加速气体氧化还原反应，从而提高元件的灵敏度和响应速度，一般加热到 200 ~ 400℃。加热方式一般有直热式和旁热式两种，直热式气敏元件制造工艺简单、成本低、功耗小，可以在高电压回路下使用，但热容量小，易受环境气流的影响，测量回路和加热回路间没有隔离而相互影响；旁热式气敏元件克服了直热式结构的缺点，稳定性、可靠性都较直热式气敏元件好。

由于半导体气敏传感器具有结构简单、价格便宜、使用方便、稳定性好、工作寿命长、对气体浓度变化响应快、灵敏度高等优点，所以多用于气体的粗略鉴别和定性分析。按照用途不同，可分为检测仪、报警仪、自动控制仪器和测试仪器等几种类型。

对于某些危害健康，容易引起窒息、中毒或易燃易爆的气体，最应引起注意的是这类有害气体的有无或其含量是否达到危险程度，并不一定要求精确测定其成分，因此廉价、简单的半导体气敏传感器恰恰满足了这样的需求。半导体气敏传感器一般不适用于对气体成分的精确分析，而且这类气敏元件对气体的选择性比较差，往往只能检查某类气体存在与否，不一定能确切分辨出是哪一种气体。改变制造传感器元件时的半导体烧结温度、半导体中的掺和物、加热器的加热温度等，将这些方法结合起来应用，能使传感器具有对各种气体的识别能力。

（2）接触燃烧式气敏传感器 一般将在空气中达到一定浓度，触及火种可引起燃烧的气体称为可燃性气体，如甲烷、乙炔、甲醇、乙醇、乙醚、一氧化碳、氢气等均为可燃性气体。接触燃烧式气敏元件结构示意图如图7-2所示，检测元件一般为铂金属丝（也可表面涂铂、钯等稀有金属催化层），使用时对铂丝通以电流，保持300~400℃的高温，此时若与可燃性气体接触，可燃性气体就会在稀有金属催化层上燃烧，因此铂丝的温度会上升，铂丝的电阻值也上升。通过测量铂丝的电阻值变化的大小，就知道可燃性气体的浓度。空气中可燃性气体浓度越大，氧化反应（燃烧）产生的反应热量（燃烧热）越多，铂丝的温度变化（增高）越大，其电阻值增加得就越多。

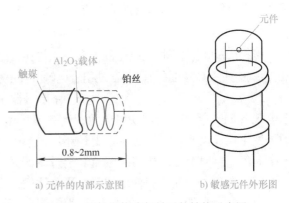

图7-2 接触燃烧式气敏元件结构示意图

a) 元件的内部示意图　　b) 敏感元件外形图

也可将元件接入电桥电路中的一个桥臂，调节桥路使其平衡，一旦有可燃性气体与传感器表面接触，燃烧热进一步使金属丝升温，造成元件阻值增大，从而破坏了电桥的平衡。其输出的不平衡电流或电压与可燃性气体浓度成比例，检测出这种电流或电压就可测得可燃性气体的浓度。

但是，使用单纯的铂丝线圈作为检测元件，寿命较短，实际应用的检测元件都是在铂丝圈外涂覆一层氧化物触媒（氧化铝或氧化铝和氧化硅）。这样既可以延长其使用寿命，又可以提高检测元件的响应特性。

接触燃烧式气敏传感器主要用于坑内沼气、化工厂的可燃气体量的探测。接触燃烧式气敏传感器的优点是对气体选择性好，线性好，受温度、湿度影响小，响应快。其缺点是对低浓度可燃性气体灵敏度低，敏感元件受到催化剂侵害后其特性锐减，金属丝易断。接触燃烧式气敏传感器价格低廉、准确度高，但灵敏度较低，适合于检测可燃性气体，不适于检测像一氧化碳这样的有毒气体。

（3）电化学气敏传感器　电化学气敏传感器是基于化学溶剂与气体的反应产生电流、颜色、电导率的变化来工作的一种气敏传感器。这类传感器的气体选择性好，但是不能重复使用，通常情况下可以用它来检测一氧化碳、氢气、甲烷、乙醇等。图7-3是电化学一氧化碳传感器结构示意图。

电化学气敏传感器一般利用液体（或固体、有机凝胶等）电解质，其输出形式可以是气体直接氧化或还原产生的电流，也可以是离子作用于离子电极产生的电动势。电化学气敏传感器包括离子电极型、加伐尼电池型、定位电解型、热传导式等种类。

1）离子电极型气敏传感器。这种传感器由电解液、固定参照电极和pH电极组成，通过透气膜使被测气体和外界达到

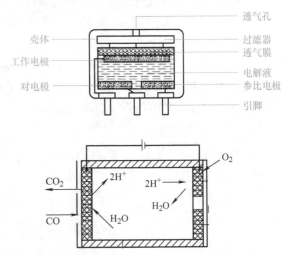

图7-3 电化学一氧化碳传感器结构示意图

平衡，在电解液中达到如下化学平衡（以被测气体 CO_2 为例）：

$$CO_2 + H_2O = H^+ + HCO_3^- \tag{7-5}$$

根据质量守恒法则，HCO_3^- 的浓度一定与在设定范围内的 H^+ 浓度和 CO_2 分压成比例，根据 pH 值就能知道 CO_2 的浓度。适当地组合电解液和电极，可以检测多种气体，如 NH_3、SO_2 等。

2）加伐尼电池型气敏传感器。这种传感器中，由隔离膜、铅电极（阳）、电解液、白金电极（阴）组成一个加伐尼电池，当被测气体通过聚四氟乙烯隔膜扩散到达负极表面时，即可发生还原反应，在白金电极上被还原成 OH^- 离子，阳极上铅被氧化成氢氧化铅，溶液中产生电流。这时流过外电路的电流和透过聚四氟乙烯膜的氧的速度成比例，阴极上氧分压几乎为零，氧透过的速度和外部的氧分压成比例。

3）定位电解型气敏传感器。这种传感器又称控制电位电解法气敏传感器，它由工作电极、辅助电极、参比电极以及聚四氟乙烯制成的透气隔离膜组成。在工作电极与辅助电极、参比电极间充以电解液，传感器工作电极（敏感电极）的电位由恒电位器控制，使其与参比电极电位保持恒定，待测气体分子通过透气膜到达敏感电极表面时，在多孔型贵金属催化作用下，发生电化学反应（氧化反应），同时辅助电极上氧气发生还原反应。这种反应产生的电流大小受扩散过程的控制，而扩散过程与待测气体浓度有关，只要测量敏感电极上产生的扩散电流，就可以确定待测气体的浓度。在敏感电极与辅助电极之间加一定电压后，使气体发生电解，如果改变所加电压，氧化还原反应选择性地进行，就可以定量检测气体。

4）热传导式气敏传感器。热传导式气敏传感器主要用来检测混合气体中的氢气、二氧化碳、二氧化硫等气体的含量或上述气体中杂质的含量。在流动的空气中放入一些比气体温度高的物体，气体会从物体中吸取热量。气体的热传导率越大，吸收的热量也越多。导热系数以空气为基准，相对空气的导热系数，氢气为 7.15，氧气为 1.013，二氧化碳为 0.605。由此可以看出，氢气是热的良导体，而二氧化碳是热的不良导体。热传导式气敏传感器就是用该原理来对气体的浓度进行测量。

4. 系统的硬件结构

采用电阻式半导体气敏元件的气体报警器与控制器的原理框图如图 7-4 所示。负载电阻 R_L 串联在传感器中，其两端加工作电压，在加热丝（f_1、f_2）两端加有加热电源。在洁净空气中，传感器的电阻较大，在负载 R_L 上的输出电压较小；空气中混有待测气体时，传感器的电阻变小，则 R_L 上的输出电压较大。图 7-4a 为报警器组成框图，超过规定浓度时，发出声光报警；图 7-4b 为控制器组成框图，由 R 调节设定浓度，超过设定浓度时，比较器翻转，输出控制信号，由驱动电路带动继电器或其他元件。

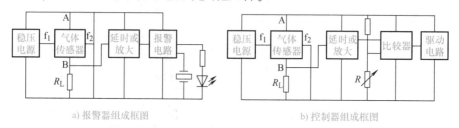

a) 报警器组成框图　　　　　　　　b) 控制器组成框图

图 7-4　气体报警器及控制器原理框图

在进行气敏传感器检测系统设计时还需特别注意：气敏元件的工作电压不高（3～10V），其工作电压特别是供给加热的电压必须保持稳定。否则，将导致加热器的温度变化幅度过大，使气敏元件的工作点漂移，影响检测准确性。由于气敏元件自身的特性（如温度系数、湿度系数、初期稳定性等），在设计、制作应用电路时都应予以考虑。如采用温度补偿电路，减少气敏元件的温度系数引起的误差；设置延时电路，防止通电初期因气敏元件阻值大幅度变化造成误报；使用加热器失效通知电路，防止加热器失效导致漏报现象。

7.1.3 任务实施

1. 电路原理

由气敏传感器、R_1、RP_1、VD_5组成气敏检测电路，由 VD_6、VD_7、R_2、C_2等组成延时电路，电路图如图 7-5 所示。由于电阻式半导体气敏传感器的初期稳定特性引起的不稳定过程的时间大约为 10min，延时时间常数由 R_2、C_2、VD_6正向电阻决定。电源断开后，C_2上的充电电压通过 VD_7、R_3放电。7805 为气敏传感器加热提供稳定的 5V 电压。当待测气体浓度很低时，VT_1截止，555 输出低电平，排风扇 M 不转动，LED 不发光。当气体浓度升高时，传感器 A、B 极间的电阻变小，可使 VT_1导通，555 的 6 脚由高电平变为低电平，3 脚输出高电平，双向晶闸管 VTH 触发导通，排风扇 M 通电转动，排出有害气体，LED 发光报警。当室内气体浓度下降到正常值后，排风扇自动停转，LED 熄灭。VD_5起限幅作用，在调节 RP_1时，使气敏信号取值电压最低限制在 0.7V。

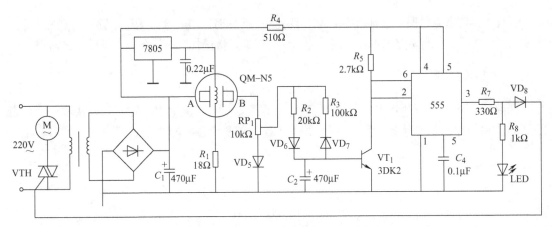

图 7-5 家用可燃气体检测监控电路

2. 调试

1）气敏传感器开始通电工作时，没有接触其他气体，其电导率也急剧增加，1min 后达到稳定，这时方可正常使用，这段变化在设计电路时可采用延时处理解决。

2）加热电压的改变会直接影响气敏传感器的性能，所以在规定的电压范围内使用为佳。

3）负载电阻可根据需要适当改动，不影响元件灵敏度。

4）环境温湿度的变化会给气敏传感器的电阻带来不小的影响，当元件在精密仪器上使用时，应进行温湿度补偿，最简便的方法是采用热敏电阻补偿。

5）避免腐蚀性气体及油污染，长期使用需防止灰尘堵塞，可装设防爆不锈钢网。

6）使用条件：温度 $-15 \sim 35 \, ^\circ\text{C}$；相对湿度 $45\% \sim 75\% \, \text{RH}$；大气压力 $80 \sim 106\text{kPa}$。

7）如厨房使用液化石油气，由于该类气体的主要成分为丙烷，比空气重，容易沉积到地面上，因此所制作的可燃气体检测器要安装在接近地面处；如厨房使用煤气和天然气，由于该类气体比空气轻，应将可燃气体检测器安装在靠近顶棚处，这样容易检测上升的气体。

7.1.4 任务总结

通过本任务的学习，应掌握如下知识重点：①气敏传感器的基本使用要求；②各种气敏传感器的工作原理；③电阻式半导体气敏传感器电路的工作原理。

通过本任务的学习，应掌握如下实践技能：①能正确分析、制作与调试气敏传感器应用电路；②掌握气敏传感器的工作原理、选型。

气敏传感器

任务 2　湿度传感器在工厂湿度监控系统中的应用

7.2.1 任务目标

素质目标：培养绿色环保意识、人文关怀精神和职业责任感。

通过本任务的学习，掌握湿度传感器的分类、基本原理和特性参数，依据所选择的湿度传感器设计接口电路，并完成电路的制作与调试。

设计一湿度测量电路，当环境中的相对湿度发生变化时，CPU 通过测量电路及时感知，根据需要输出信号驱动执行电路工作，可用于通风、排气扇及排湿加热等设备，以维持生产需求。

7.2.2 任务分析

任何行业的工作都离不开空气，而空气的湿度又与工作、生活、生产有直接联系，因此湿度的监测与控制越来越显得重要。下面给出常用湿度传感器的介绍。

湿度传感器

1. 湿度的表示方法

湿度包括气体的湿度和固体的湿度。气体的湿度是指大气中所含水蒸气的含量，通常用绝对湿度、相对湿度和露点（或露点温度）来表示。

绝对湿度（Absolute Humidity），是指每立方米气体在标况下（$0 \, ^\circ\text{C}$，1 大气压）所含有的水蒸气的质量，即水蒸气密度，一般用符号 AH 表示，单位为 g/m^3。绝对湿度的最大限度是饱和状态下的最高湿度。绝对湿度只有与温度一起才有意义，这是因为空气中水蒸气的含量总是随温度而变化。同时不同的温度中绝对湿度也不同，因为随着温度的变化，空气的体积也发生变化。绝对湿度越靠近最高湿度，随温度的变化就越小。

相对湿度（Relative Humidity），指一定体积气体中实际含有的水蒸气分压与相同温度下该气体所能包含的最大水蒸气分压的比值的百分数，一般用符号 RH 表示；或含湿量，即每千克干空气中所含水蒸气的质量。可见相对湿度是没有单位的，表述起来比较方便，所以一般采用相对湿度来描述湿度。

在一定大气压下，将含水蒸气的空气冷却，当降到某温度时，空气中的水蒸气达到饱和状态，开始从气态变成液态而凝结成露珠，这种现象称为结露，此时的温度称为露点或露点温度。如果这一特定温度低于0℃，水汽将凝结成霜，此时称其为霜点。通常对两者不予区分，统称为露点，其单位为℃。空气中水蒸气压力越小，露点越低，因而可以用露点表示空气湿度的大小。

2. 湿度传感器的特性参数

湿度传感器（湿敏传感器）由湿敏元件和转换电路等组成，能感受被测环境湿度变化，并通过元件材料的物理或化学性质变化，将湿度转换成电信号。

湿度传感器的特性参数主要有：湿度量程、灵敏度、温度系数、响应时间、湿滞回差、感湿特性等。

（1）湿度量程 指湿度传感器能够较精确测量的环境湿度的最大范围。理想情况是0～100% RH全量程，量程越大，其实际使用价值越大。

（2）感湿特性 即湿敏元件的感湿特征量（如电阻、电容、电压、频率等）随环境相对湿度变化的关系，一般要求全量程连续，线性、斜率适当。

（3）灵敏度 指湿敏元件感湿特征量相对于环境湿度变化的程度，即感湿特性曲线的斜率。由于大多数湿度传感器的感湿特性曲线是非线性的，因此常用不同环境下的感湿特征量之比来表示。

（4）温度系数 在元件感湿特征量恒定的条件下，该感湿特征量值所表示的环境相对湿度随环境温度的变化率，是表示感湿特性曲线随环境温度而变化的特性参数。在不同的环境温度下，湿敏元件的感湿特性曲线是不相同的，它直接给测量带来误差。因此在高准确度测湿系统中一定要考虑温度系数问题。

（5）响应时间 表示当环境湿度发生变化时，传感器输出特征量随相对湿度变化的快慢程度，一般规定为响应相对湿度变化量的63.2%所需要的时间。

（6）湿滞回线和湿滞回差 各湿度传感器在吸湿和脱湿两种情况下的感湿特性曲线各不相同，这种特性称之为湿滞特性，如图7-6所示；一般将吸湿和脱湿特性曲线所构成的回线称为湿滞回线，在湿滞回线上所表示的最大差值称为湿滞回差，如图7-7所示。

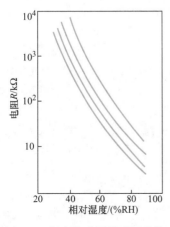

图 7-6 湿度传感器的感湿特性

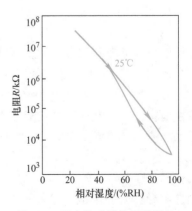

图 7-7 湿度传感器的湿滞回差

3. 湿度传感器的工作原理

湿度传感器种类繁多。按传感器输出的信号可分为电阻式、电容式、频率式等；按探测功能可分为绝对湿度型、相对湿度型、结露型、多功能型等；按材料可分为陶瓷式、有机高分子式、半导体式、电解质式等；按湿敏元件工作机理可分为水分子亲和力型和非水分子亲和力型两类。

（1）电解质式湿度传感器　氯化锂（LiCl）湿敏电阻是典型的电解质式湿度传感器，利用吸湿性盐类潮解，离子电导率发生变化而制成。电阻式湿度传感器的结构图如图 7-8 所示，它由引线、基体、感湿层与电极组成。它是在聚碳酸酯基体上制成一对梳状铂金电极，然后浸涂溶于聚乙烯醇的氯化锂胶状溶液，在其表面再涂上一层多孔性保护膜而成。氯化锂是潮解性盐，这种电解质溶液形成的薄膜能随着空气中水蒸气的变化而吸湿或脱湿。氯化锂溶液中，Li 和 Cl 均以正负离子的形式存在，而 Li^+ 对水分子的吸引力强，离子水合程度高，其溶液中的离子导电能力与浓度成正比。若环境相对湿

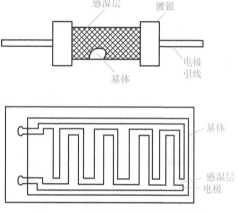

图 7-8　电阻式湿度传感器结构图

度增加，溶液将吸收水分，使浓度降低，导电能力下降，因此其电阻率增加。反之，环境相对湿度变低时，则溶液浓度升高，导电能力上升，其电阻率下降，从而实现对湿度的测量。

氯化锂浓度不同的湿敏电阻适用于不同的相对湿度范围。图 7-9 给出了柱状氯化锂湿度传感器相对湿度关系曲线。浓度低的氯化锂湿度传感器对高湿度敏感，浓度高的氯化锂湿度传感器对低湿度敏感。一般单片湿度传感器的敏感范围，仅为 30% RH 左右，为了扩大湿度测量的线性范围，可以将多个氯化锂含量不同的湿度传感器组合使用。

氯化锂湿度传感器的优点就是滞后小、检测准确度高，几乎不受环境中风速影响；缺点是耐热性差、寿命短，不适合露点测量，性能重复性不好。

电桥电路是电阻式湿度传感器的主要测量电路形式之一，其框图如图 7-10 所示。振荡器为电路提供交流电源；电桥的一臂为湿度传感器，由于湿度变化使湿度传感器的

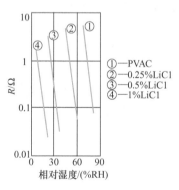

①—PVAC
②—0.25%LiCl
③—0.5%LiCl
④—1%LiCl

图 7-9　柱状氯化锂湿度传感器相对湿度关系曲线

阻值发生变化，于是电桥失去平衡，产生信号输出；放大器可把不平衡信号加以放大，再经整流器将交流信号变成直流信号，由直流微安表显示。

（2）半导体陶瓷湿度传感器　半导体陶瓷湿敏电阻是根据微粒堆集体或多孔状陶瓷体的感湿材料吸附水分可使电导率改变这一原理来检测湿度的。

制造半导体陶瓷湿敏电阻的材料，主要是不同类型的金属氧化物。这些材料有 $MgCr - TiO_2$、$ZnO - Cr_2O_3$、ZrO_2、$LaO_3 - TiO_2$、$SnO_2 - Al_2O_3 - TiO_2$、$LaO_3 - TiO_2 - V_2O_5$、NiO、

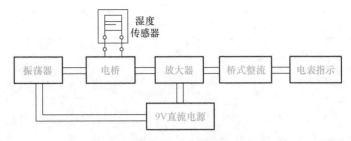

图 7-10　电阻式湿度传感器测量电路框图

MnO_2-Mn_2O_3等。有些半导体陶瓷材料的电阻率随湿度增加而下降，称为负特性湿敏半导体陶瓷；另一类半导体陶瓷材料的电阻率随湿度增大而增大，称为正特性湿敏半导体陶瓷。

1）$MgCr_2O_4$-TiO_2陶瓷湿度传感器。$MgCr_2O_4$-TiO_2陶瓷湿度传感器是一种典型的多孔陶瓷湿度测量元件。由于它具有灵敏度高、响应特性好、测湿范围宽和高温清洗后性能稳定等优点，目前已商品化，并得到广泛应用。

$MgCr_2O_4$-TiO_2陶瓷湿度传感器结构示意图如图7-11所示，它以$MgCr_2O_4$为基础材料，加入一定比例的TiO_2（20% ~ 35% mol/L）压制成 4mm × 4mm × 0.5mm 的薄片，在1300℃左右烧成，在感湿片两面涂覆氧化钌（RuO_2）多孔电极，并于800℃下烧结。在感湿片外附设有加热清洗线圈。

以高温烧结的工艺制成多孔性陶瓷半导体薄片，它的气孔率高达25%以上，具有 1μm 以下的细孔分布，其接触空气的表面积显著增大，所以水汽极易被吸附于表层及其孔隙之中，使其电阻率下降。

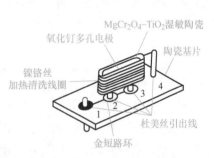

图 7-11　$MgCr_2O_4$-TiO_2陶瓷湿度传感器结构示意图

由于多孔陶瓷置于空气中易被灰尘、油烟污染，从而堵塞气孔，使感湿面积下降。如果将湿敏陶瓷加热到400℃以上，就可使污物挥发或烧掉，使陶瓷恢复到初始状态，所以必须定期给加热丝通电。陶瓷湿度传感器吸湿快（3min左右），而脱湿要慢许多，从而产生滞后现象。当吸附的水分子不能全部脱出时，会造成重现性误差及测量误差。有时可用重新加热脱湿的办法来解决，即每次使用前应先加热1min左右，待其冷却至室温后，方可进行测量。陶瓷湿度传感器的误差较大，稳定性也较差，使用时还应考虑温度补偿（温度每上升1℃，电阻下降引起的误差约为1%RH）。湿敏陶瓷应采用交流供电（如50Hz）。若长期采用直流供电，会使湿敏材料极化，吸附的水分子电离，导致灵敏度降低，性能变坏。

陶瓷湿度传感器其电阻率变化高达 4 个数量级左右，所以在测量电路中必须考虑采用对数压缩技术，测量转换电路框图如图7-12所示。

2）Fe_3O_4湿度传感器。除了烧结型陶瓷外，还有一种由金属氧化物通过堆积、黏结或直接在氧化金属基片上形成感湿膜的元件，称为涂覆膜型湿敏元件，其中比较典型且性能较好的是 Fe_3O_4湿敏元件。金属氧化物膜型湿度传感器结构如图7-13所示。

Fe_3O_4湿敏元件工艺简单，在陶瓷基片上先制作钯金梳状电极，然后采用丝网印刷等工艺，将调制好的金属氧化物糊状物印刷在陶瓷基片上，采用烧结或烘干的方法使之固化成膜。Fe_3O_4感湿膜的整体电阻很高。当空气的相对湿度增大时，感湿膜吸湿，由于水分的附

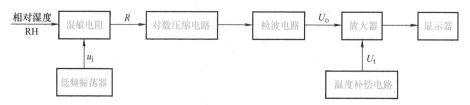

图 7-12　陶瓷湿度传感器测量转换电路框图

着扩大了颗粒间的接触面，降低了颗粒间的电阻和增加更多的导流通路，所以元件阻值减小；当处于干燥环境中时，感湿膜脱湿，粒间接触面减小，元件阻值增大。因而这种元件具有负感湿特性，电阻值随着相对湿度的增加而下降，反应灵敏，响应时间小于1min。

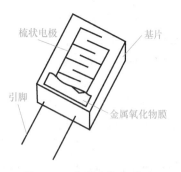

图 7-13　金属氧化物膜型
湿度传感器结构

（3）高分子化合物湿度传感器　采用高分子材料制成的湿度传感器，具有准确度高、滞后小、可靠性高、响应速度快、计量测试简单、制造容易等特点，按其工作原理一般可分为电阻式、电容式和结露式三类。

1）电阻式湿度传感器。电阻式湿度传感器主要使用高分子固体电解质材料作为感湿膜，由于膜中存在可动离子而产生导电性，随着湿度的增大，其电离作用增强，使可动离子的浓度增大，电极间的阻值减小。当湿度减小时，电离作用也相应减弱，可动离子的浓度也减小，电极间的电阻值增大。这样，湿敏元件对水分子的吸附和释放情况，可通过电极间电阻值的变化检测出来，从而得到相应的湿度值。高分子感湿膜可使用的材料很多，如高氧酸锂-聚氯乙烯、有亲水基的有机硅氧烷以及四乙基硅烷的等离子共聚膜等。

2）电容式湿度传感器。高分子电容式湿度传感器是利用高分子材料（聚苯乙烯、聚酰亚胺、酪酸醋酸纤维等）吸水后，其介电常数发生变化的特性进行工作的，其结构如图 7-14 所示，它是在绝缘衬底上制作一对平板金（Au）电极，然后在上面涂敷一层均匀的高分子感湿膜作为电介质，在表层以镀膜的方法制作多孔浮置电极（Au 膜电极），形成串联电容。由于高分子薄膜上的电极是很薄的金属微孔蒸发膜，水分子可以通过两端的电极被高分子薄膜吸附或释放，当高分子薄膜吸附水分后，由于高分子介质的介电常数（3～6）远远小于水的介电常数（81），所以

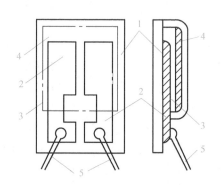

图 7-14　高分子电容式湿度传感器的结构示意图
1—微晶玻璃衬底　2—下电极　3—感湿膜
4—多孔浮置电极　5—引线

介质中水的成分对总介电常数的影响比较大，使元器件总电容发生变化，因此只要检测出电容即可测得相对湿度。

由于电容式相对湿度传感器的湿度检测范围宽、线性好，因此很多湿度计都采用电容式相对湿度传感器作为传感元件。电容式相对湿度传感器广泛应用于洗衣机、空调器、录音

机、微波炉等家用电器及工业、农业等方面。

3）结露式湿度传感器。掺入炭粉的有机高分子材料在高湿度下，吸湿后发生膨胀现象，可引起其中所含炭粉间距变化而产生电阻突变，利用这种现象可制成具有开关特性的湿度传感器，其特性曲线如图 7-15 所示。

结露式湿度传感器是一种特殊的湿度传感器，它与一般湿度传感器的不同之处在于它对低湿度不敏感，仅对高湿度敏感。故结露式湿度传感器一般不用于测湿，而作为提供开关信号的结露信号器，用于自动控制或报警，如用于检测录像机、照相机结露及小汽车玻璃窗除露等。

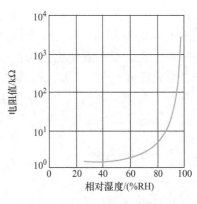

图 7-15　结露式湿度传感器的特性

（4）集成湿度传感器　近年来，国内外在湿度传感器研发领域取得了长足进步。湿度传感器正从简单的湿度元件向集成化、智能化、多参数检测的方向迅速发展。

1）线性电压输出式集成湿度传感器。典型产品有 HIH3605/3610、HM1500/1520。其主要特点是采用恒压供电，内置放大电路，能输出与相对湿度成比例关系的伏特级电压信号，响应速度快，重复性好，抗污染能力强。

2）线性频率输出集成湿度传感器。典型产品为 HF3223 型。它采用模块式结构，属于频率输出式集成湿度传感器，在 55% RH 时的输出频率为 8750Hz（典型值），当相对湿度从 10% 变化到 95% 时，输出频率就从 9560Hz 减小到 8030Hz。这种传感器具有线性度好、抗干扰能力强、便于配数字电路或单片机、价格低等优点。

3）频率/温度输出式集成湿度传感器。典型产品为 HTF3223 型。它除了具有 HF3223 的功能以外，还增加了温度信号输出端，利用负温度系数（NTC）热敏电阻作为温度传感器。当环境温度变化时，其电阻值也相应改变，并且从 NTC 端引出，配上二次仪表即可测量出温度值。

4）单片智能化湿度/温度传感器。2002 年 Sensiron 公司在世界上率先研制成功 SHT11、SHT15 型智能化湿度/温度传感器，其外形尺寸仅为 7.6mm × 5mm × 2.5mm，体积与火柴头相近。出厂前，每只传感器都做过精密校准，校准系数被编成相应的程序存入校准存储器中，在测量过程中可对相对湿度进行自动校准。它们不仅能准确测量相对湿度，还能测量温度和露点。测量相对湿度的范围是 0~100% RH，分辨力达 0.03% RH，最高准确度为 ±2% RH。测量温度的范围是 -40~123.8℃，分辨力为 0.01℃。测量露点的准确度 < ±1℃。在测量湿度、温度时，A-D 转换器的位数分别可达 12 位、14 位。利用降低分辨力的方法可以提高测量速率，减小芯片的功耗。SHT11/15 的产品互换性好，响应速度快，抗干扰能力强，不需要外部元器件，适配各种单片机，可广泛用于医疗设备及温度/湿度调节系统中。

4. 系统硬件结构

通用的湿度监控电路通常以单片机为核心，结合传感器、信号处理电路、A-D 转换电路、D-A 转换电路、外部设备以及键盘、显示等组成，其硬件结构框图如图 7-16 所示。

系统的基本工作过程是湿度传感器将湿度变化转换成电信号，经信号处理电路处理后在

MCU 的控制下由 A - D 转换电路转换成数字量送 CPU，单片机对数据进行处理并根据需要输出控制信号驱动执行电路工作。整个系统的重点在于传感器和信号处理部分，其他部分只是为了提高系统的自动化水平及人机交互界面，所以这里主要讨论传感器测湿及信号处理电路。

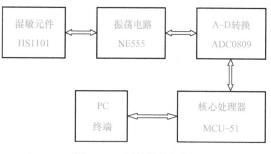

图 7-16 硬件结构框图

7.2.3 任务实施

1. 电路原理

HS1101 是一款电容式相对湿度传感器，该传感器可广泛应用于办公室、家庭、汽车驾驶室和工业过程控制系统对空气湿度进行检测。它的主要优点是：无需校准的完全互换性；长期饱和状态，瞬间脱湿；适应自动装配过程，包括波峰焊接、回流焊接等；具有高可靠性和长期稳定性；特有的固态聚合物结构；适用于线性电压输出和线性频率输出两种电路；响应时间快。

HS1101 湿度传感器相对湿度的变化和电容值呈线性规律。在自动测试系统中，电容值随着空气湿度的变化而变化，因此将电容值的变化转换成电压或频率变化，才能进行有效地数据采集。以 HS1101 湿度传感器充当振荡电容，用 555 芯片组成振荡电路，从而完成湿度到频率的转换。

HS1101 湿度传感器默认测量温度为 25℃，测量时 HS1101 工作频率为 10kHz，在默认测量温度下的特性曲线具有极好的线性输出，可以近似看成相对湿度值与电容值成比例。因此在测量过程中，采集电容值即可。

HS1101 的测量电路如图 7-17 所示，HS1101 湿度传感器是采用侧面开放式封装，只有两个引脚，有线性电压输出和线性频率输出两种电路。在使用时，将 1 脚接地，这里选用线性频率输出电路。该传感器采用电容构成材料，不允许直流方式供电，所以使用 555 定时器电路组成单稳态电路，具体电路分析如下：

电源电压 U_{CC} 工作范围是 3.5 ~ 12V。CMOS 定时器 TLC555、HS1101 和电阻 R_2、R_1 构成单稳态电路，将相对湿度值变化转换成频率信号。输出频率范围是 7351 ~ 6033Hz，对应的相对湿度为 0 ~ 100% RH。当相对湿度为 55% RH 时，$f = 6660$Hz。输出的频率信号可送至数字频率计或控制系统。R_3 为限流电阻。通电后，U_{CC} 经 $R_4 \rightarrow R_2 \rightarrow C$ 对 HS1101 充电。经过 t_1 时间后湿敏电容的压降 U_C 就被充电到 TLC555 的高触发电平（$U_h = 0.67U_{CC}$），使内部比较器翻转，OUT 端的输出变成低电平。然后 C 开始放电，放电回路为 $C \rightarrow R_2 \rightarrow D \rightarrow$ 内部放电管 → 地。经过 t_2 时间后，U_C 降到低触发电平（$U_1 = 0.33U_{CC}$），内部比较器再次翻转，使 OUT 端输出变成高电平。这样周而复始地进行充、放电，形成了振荡。

充电、放电时间计算公式分别为

$$t_1 = C(R_2 + R_4)\ln2, \quad t_2 = CR_2\ln2 \tag{7-6}$$

输出波形的频率（f）和占空比（D）的计算公式为

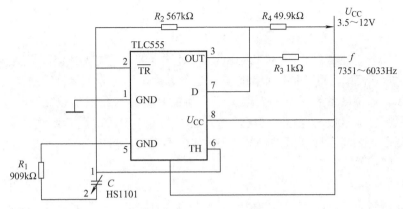

图 7-17 湿度控制电路图

$$f = \frac{1}{T} = \frac{1}{t_1 + t_2} = \frac{1}{C(2R_2 + R_4)\ln 2} \tag{7-7}$$

$$D = \frac{t_1}{T} = \frac{t_1}{t_1 + t_2} = \frac{R_2 + R_4}{2R_2 + R_4} \tag{7-8}$$

通常取 $R_4 \ll R_2$，使 $D \approx 50\%$，输出接近于方波，例如，取 $R_2 = 567\text{k}\Omega$，$R_4 = 49.9\text{k}\Omega$。

2. 湿度传感器选用注意事项

应用领域不同，对湿度传感器的技术要求也不同。从制造角度看，同是湿度传感器，材料、结构不同，工艺不同，其性能和技术指标有很大差异，因而价格也相差甚远。选择湿度传感器时，有以下几个问题值得注意。

1) 选择湿度传感器首先要确定测量范围。除了气象、科研部门外，温湿度测控一般不需要全湿程（0~100% RH）测量。测量的目的在于控制，测量范围与控制范围合称使用范围。对于一般应用者来说，直接选择通用型湿度仪即可。

2) 和测量范围一样，测量准确度也是传感器最重要的指标。每提高一个百分点，对传感器来说就是上一个台阶，甚至是上一个档次。因为要达到不同的准确度，其制造成本相差很大，售价也相差甚远。例如1只进口的廉价的湿度传感器只有几美元，而1只供标定用的全湿程湿度传感器要几百美元，相差近百倍。生产厂商往往是分段给出其湿度传感器的准确度。如中、低湿段（0~80% RH）为±2% RH，而高湿段（80~100% RH）为±4% RH。而且此准确度是在某一指定温度下（如25℃）的值。如在不同温度下使用湿度传感器，其示值还要考虑温度漂移的影响。众所周知，相对湿度是温度的函数，温度严重地影响着指定空间内的相对湿度。温度每变化0.1℃，将产生0.5% RH的湿度变化（误差）。使用场合如果难以做到恒温，则提出过高的测湿准确度是不合适的。因为湿度随着温度的变化也飘忽不定，谈测湿准确度将失去实际意义。所以控湿首先要控好温，这就是大量的应用往往是温湿度一体化传感器而不单纯是湿度传感器的缘故。

多数情况下，如果没有精确的控温手段，或者被测空间是非密封的，±5% RH的准确度就足够了。对于要求精确控制恒温、恒湿的局部空间，或者需要随时跟踪记录湿度变化的场合，可选用±3% RH以上准确度的湿度传感器。当元件在精密仪器上使用时，应进行温湿度补偿。与此相对应的温度传感器的测温准确度须达 ±0.3℃以上，至少是 ±0.5℃。而准确度高于 ±2% RH 的要求就算是比较高的了。

3）选择湿度传感器要考虑应用场合的温度变化范围，看所选传感器在指定温度下能否正常工作，温漂是否超出设计指标。要提醒使用者注意的是：电容式湿度传感器的温度系数 α 是个变量，它随使用温度、湿度范围而异。这是因为水和高分子聚合物的介电系数随温度的改变不同步，而温度系数 α 又主要取决于水和感湿材料的介电系数，所以电容式湿度传感器的温度系数并非常数。电容式湿度传感器在常温、中湿段的温度系数最小，5 ~ 25℃ 时中低湿段的温漂可忽略不计。但在高温高湿区或负温高湿区使用时，就一定要考虑温漂的影响，进行必要的补偿或修正。

4）几乎所有的传感器都存在时漂和温漂。由于湿度传感器必须和大气中的水汽相接触，所以不能密封。这就决定了它的稳定性和寿命是有限的。一般情况下，生产厂商会标明一次标定的有效使用时间为 1 年或 2 年，到期负责重新标定。请使用者在选择传感器时考虑好日后重新标定的渠道，不要贪图便宜而忽略了售后服务问题。由于湿敏元件存在一定的分散性，无论进口或国产的传感器每个都需调试标定。大多数在更换湿敏元件后需要重新调试标定，对于测量准确度比较高的湿度传感器尤其重要。

5）湿度传感器是非密封性的，为保证测量的准确度和稳定性，应尽量避免在酸性、碱性及含有机溶剂的气氛中使用，也避免在粉尘较大的环境中使用。一般在常温洁净环境，连续使用的场合，应选用高分子湿度传感器，这类传感器准确度高、稳定性好。在高温恶劣环境，应选用加热清洗的陶瓷湿度传感器，这类传感器耐高温，通过定期清洗能除去吸附在敏感体表面的灰尘、气体、油雾等杂物，使性能恢复。传感器的延长线应使用屏蔽线，最长不超过 1m。避免腐蚀性气体及油污染，长期使用需防止灰尘堵塞。

6）为正确反映所测空间的湿度，湿度传感器应安装在空气流动的环境中，应避免将传感器安放在离墙壁太近或空气不流通的死角处。如果被测的房间太大，就应放置多个传感器。

7）电容式湿度传感器在 80% RH 以上的高湿环境、100% RH 以上结露或潮解状态下，都难以检测。另外，不能将湿敏电容直接浸入水中或长期用于结露状态，也不能用手摸或用嘴吹其表面。

8）有的湿度传感器对供电电源要求比较高，否则将影响测量准确度，或者传感器之间相互干扰，甚至无法工作。使用时应按要求提供合适的、符合准确度要求的供电电源。传感器需要进行远距离信号传输时，要注意信号的衰减问题。当传输距离超过 200m 以上时，建议选用频率输出信号的湿度传感器。

7.2.4 任务总结

通过本任务的学习，应掌握如下知识重点：①湿度传感器的分类、特性参数；②各种湿度传感器的工作原理；③各种测湿电路的特点。

通过本任务的学习，应掌握如下实践技能：①能正确分析、制作与调试湿度传感器应用电路；②掌握湿度传感器的工作原理、选型。

任务3　声敏传感器在声控延时照明灯电路中的应用

7.3.1　任务目标

素质目标：培养低碳节能意识和社会责任感。

通过本任务的学习，掌握声敏传感器的分类、基本原理，依据所选择的声敏传感器设计接口电路，并完成电路的制作与调试。

设计一声控延时照明灯电路，白天由于光线的照射，始终处于关闭状态，一到晚上，只要接收到猝发声响（如脚步、击掌声等），该灯就会自动点亮，延时一段时间后将自动关闭。

7.3.2　任务分析

机械振动在空气中的传播称为声波，更广泛地，将物体振动发生的并能通过听觉产生印象的波都称为声波，因此，声波是一种机械波。人耳可以听到的声波频率范围是 16Hz ~ 20kHz，超过 20kHz 的声波称为超声波，频率小于 20Hz 的声波称为次声波。声敏传感器是一种将在气体、液体或固体中传播的机械振动转换成电信号的元件或装置，可用接触或非接触的方法检出信号。

通过声敏传感器用普通的行人脚步声将电路触发，当灯被打开后，自动延迟熄灭。声控延时照明灯是一种十分实用的节能照明灯，不仅适用于家庭楼道，也同样适用于公共厕所、公共走廊、住宅区、工厂、学校的公共照明。

声敏传感器的种类很多，按测量原理可分为电阻变换、静电变换、电磁变换和光电变换四类。

1. 电阻变换型声敏传感器

按照转换原理，电阻变换型传感器分为阻抗变换型和接触阻抗型两种。阻抗变换型声敏传感器是由电阻丝应变片或半导体应变片粘贴在感应声压作用的膜片上构成的。当声压作用在膜片上时，膜片产生形变使应变片的阻抗发生变化，检测电路会输出电压信号从而完成声-电的转换。

接触阻抗型声敏传感器通过直接接触声波，将振动转变为电阻阻值的变化来进行检测。**典型实例**是碳粒送话器，其结构如图 7-18 所示，当声波经空气传播至膜片时，膜片产生振动，在膜片和电极之间碳粒的接触电阻发生变化，从而调制通过送话器的电流，该电流经变压器

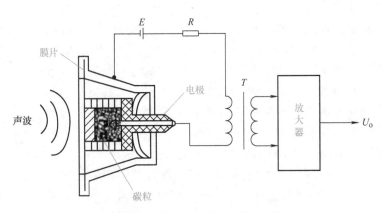

图 7-18　碳粒送话器的工作原理图

耦合至放大器放大后输出。

2. 静电变换型声敏传感器

（1）压电声敏传感器 压电效应是指某些电介质在沿一定方向上受到外力的作用而变形时，其内部会产生极化现象，同时在它的两个相对表面上出现正负相反的电荷。当外力去掉后，它又会恢复到不带电的状态，这种现象称为正压电效应。当作用力的方向改变时，电荷的极性也随之改变。相反，当在电介质的极化方向上施加电场时，这些电介质也会发生变形。电场去掉后，电介质的变形随之消失，这种现象称为逆压电效应，或称为电致伸缩。

利用压电晶体的压电效应可制成压电声敏传感器，其结构如图 7-19 所示，其中压电晶体的一个极面与膜片相连接。当声压作用在膜片上使其振动时，膜片带动压电晶体产生机械振动，使得压电晶体产生随声压大小变化而变化的电压，从而完成声—电的转换。这种传感器用在空气中测量声音时称为送话器（俗称话筒），大多限制在可听频带范围（20Hz～20kHz），进而拓展研制成水声元件、微音器和噪声计等。

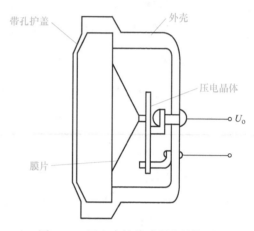

图 7-19 压电声敏传感器的结构图

1）压电水听器。在水中声音的传播速度快、传输衰减小，且水中各种噪声的声压分贝一般比空气中的分贝值约高 20dB。水中的音响技术涉及深度检测、鱼群探测、海流检测及各种噪声检测等。图 7-20 为水听器的头部断面，其中压电片用压电陶瓷元件，常用半径方向上被极化了的薄壁圆筒形振子；由于压电元件呈电容性，加长输出电缆效果不理想，因此在水听器的压电元件之后配置场效应晶体管，进行阻抗变换以便得到电压输出。由于使用于海中等特殊环境，要求其具有防水性和耐压性。目前产品有 SQ52、SQ42、SQ31 等型号的宽带水听器，SQ48、SQ01、SQ03 等型号的一般性水听器，SQ05、SQ06、SQ34 等型号的地震及拖拽线列阵水听器以及 SQ09、SQ13 发送/接收水听器。其中 SQ48 水听器的探头结构采用了小型球体，能提供很宽的频率范围和全向性的反应特性，使得它在水下 100kHz 的声音测量和校准都非常理想；带有集成低噪声前置放大器，在没有扭曲的情况下，能驱动很长的线缆；其电压灵敏度为 -165.0dBV ±1.0dBV，工作深度为水下 3500m，频率范围为 25～100000Hz。

2）微音器。压电元件用作压电微音器，属于低频微音器，下限频率取决于压电元件内部的电容和电阻，在理论上可达到 0.001Hz，但由于微音器的漏泄通路，一般仅

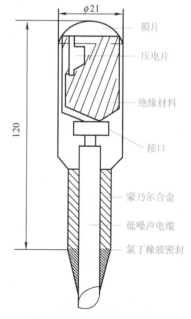

图 7-20 水听器头部断面

达到1Hz，可测量油井井下液面的深度。
图 7-21 为压电微音器的典型电路，这种
微音器的前置放大器为电荷式放大。但
是，压电型传感器受温度变化影响时热
电效应会产生噪声，故电荷放大器中应
内装高通滤波器。图 7-22 为压电微音器
在噪声计上的应用电路。噪声计用压电
微音器是一种使用 20Hz ~ 10kHz 特殊频
率特性的例子，前置放大器用电压型互
补源跟随器电路。在成对的 FET 中外加
共同的门/源间电压，FET 的对称特性使

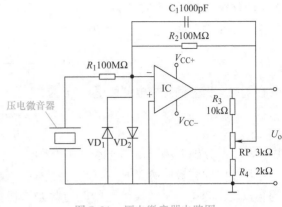

图 7-21　压电微音器电路图

放大器失真小。增大门电阻 R_4 可获得高输入阻抗，有利于低噪声放大器。

（2）静电声敏传感器

1）电容式送话器。图 7-23 为电容式送话器的结构示意图，它由金属膜片、外壳及固定
电极等组成。膜片作为一片质轻且弹性好的电极，与固定电极组成一个间距很小的可变电
容。当膜片在声波作用下振动时，与固定电极间的距离发生变化，从而引起电容量的变化。
如果在传感器的两极间串接负载电阻 R_L 和直流电流极化电压 E，在电容量随声波的振动变
化时，R_L 的两端就会产生交变电压。电容式声敏传感器的输出阻抗呈容性，由于其容量小，
在低频情况下容抗很大，为保证低频时的灵敏度必须有一个输入阻抗很大的变换器与其相
连，经阻抗变换后，再由放大器进行放大。

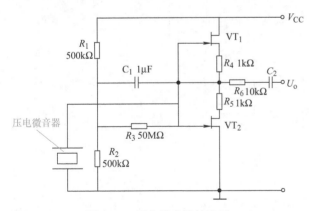

图 7-22　压电微音器的应用

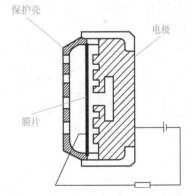

图 7-23　电容式送话器结构示意图

2）驻极体电容送话器（ECM）。图 7-24 为
驻极体送话器结构示意图。由一片单面涂有金
属的驻极体薄膜与一个上面有若干个小孔的金
属固定电极（称为背电极）构成一个平板电容。
驻极体电极与背电极之间有一个厚度 d_0 的空气
隙和厚度 d_1 的驻极体作绝缘介质。此驻极体是
以聚酯、聚碳酸酯或氟化乙烯树脂为介质薄膜，
且使其内部极化膜上分布有自由电荷并将电荷

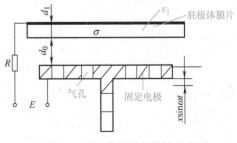

图 7-24　驻极体送话器结构示意图

（总电量为 Q）固定在薄膜的表面。于是在电容的两极板上就有了感应电荷，在驻极体的电极表面上所感应的电荷的电量 Q_1 为

$$Q_1 = \frac{\varepsilon_1 d_0 \sigma}{\varepsilon_1 d_0 + \varepsilon_0 d_1} \tag{7-9}$$

在金属电极上的感应电荷的电量 Q_2 为

$$Q_2 = -\frac{\varepsilon_0 d_1 \sigma}{\varepsilon_1 d_0 + \varepsilon_0 d_1} \tag{7-10}$$

式中，ε_0、ε_1 分别为空气和驻极体的电介系数。

当声波引起驻极体薄膜振动而产生位移时，改变了电容两极板之间的距离，从而引起电容的容量发生变化，而驻极体上的电荷数始终保持恒定（$Q = CU$，C 为图中系统的合成电容），则必然引起电容两端电压的变化，从而输出电信号实现声-电的变换。由于驻极体电容送话器体积小、重量轻，实际电容的电容量很小，输出电信号极为微小，输出阻抗极高，可达数百兆欧以上。因此，它不能直接与放大电路相连接，通常用一个场效应晶体管和一个二极管复合组成专用的 FET 阻抗变换器，如图 7-25 中点画线框所示，变换后输出阻抗小于 $2\mathrm{k}\Omega$，多用于电视讲话节目方面。图 7-25 为摄像机内驻极体送话器的四种连接方式，对应的送话器引出端有三端式与二端式两种，图 7-25a、c 为二端式送话器的连接电路图，图 7-25b、d 为三端式送话器的连接电路图。图中 R 是场效应晶体管的负载电阻，其取值直接关系到送话器

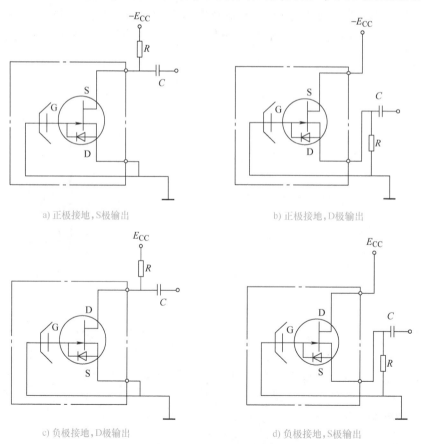

a) 正极接地，S极输出

b) 正极接地，D极输出

c) 负极接地，D极输出

d) 负极接地，S极输出

图 7-25　摄像机内驻极体电容送话器的连接方式

的直流偏置，对送话器的灵敏度等工作参数有较大的影响。图 7-25a 为二端式测试示意图，只需两根引出线，将 FET 场效应晶体管接成源极 S 输出电路，S 与电源正极间接一漏极电阻 R，信号由源极输出有一定的电压增益，因而送话器灵敏度比较高。图 7-25b 为三端输出式，是将场效应晶体管接成源极输出式，类似晶体管的射极输出电路，需用三根引出线。漏极 D 接电源正极，源极 S 与地之间接一电阻 R 来提供源极电压，信号由源极经电容 C 输出。源极输出的电路比较稳定、动态范围大，但输出信号比漏极输出小，这种目前市场上较为少见。无论何种接法，驻极体电容送话器必须满足一定的偏置条件才能正常工作，即要保证内置场效应晶体管始终处于放大状态。工作电压在 1.5 ~ 12V 之间，工作电流为 0.1 ~ 1mA。在要求动态范围较大的场合应选用灵敏度（单位是 V/Pa）低一些（即红点、黄点），这样录制的节目背景噪声较小、信噪比较高，声音听起来比较干净、清晰，但对电路的增益相对就要求高些；在简易系统中可选用灵敏度高一些的产品，以减轻后级放大电路增益的压力。索尼公司推出的 ECM - 670、ECM - 672、ECM - 674 系列驻极体电容送话器，外部供电（直流 48V），可安装在摄像机及摄录一体机上使用。

（3）电磁变换型声敏传感器　电磁变换型声敏传感器由电动式芯子和支架构成，有动磁式（MM 型）、动铁式（MI 型）、磁感应式（IM 型）和可变磁阻式等。大多数磁性材料广泛使用坡莫合金、铁硅铝磁合金和珀明德铁钴系高导磁合金。

1）电磁拾音器。电磁拾音器是 MM 型，其电动式芯子在其线圈中都包含有磁心，可检测录音机 V 形沟纹里记录的上下、左右的振动。国外大多生产 MM 型芯子，其结构如图 7-26 所示，随着磁铁速度的变化，由固定线圈本身交链磁通的变化 $(\mathrm{d}\Phi/\mathrm{d}t)$ 产生输出电压，从线圈 a、b 端子即可获得输出结果。用于引擎测速的电磁拾音器有 EM81/EM121，当一铁磁性物体（常为发电机起动齿轮）经过电磁拾音器时，使拾音器内感应出电压信

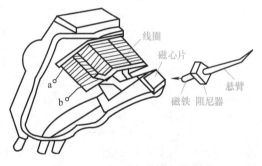

图 7-26　MM 型电磁拾音器芯子

号，用其频率能准确地测量出发动机的速度。将此电压的频率（转速信息）作为速度控制信号提供给引擎调速器，使调速器控制并稳定引擎转速。

2）动圈式送话器。图 7-27 示出动圈式送话器的结构。由磁铁和软铁组成磁路，磁场集中在磁铁心柱与软铁形成的气隙中。在软铁的前部装有振动膜片，其上带有线圈，线圈套在磁铁心柱上位于强磁场中。当振动膜片受声波作用时，带动线圈切割磁力线，产生感应电动势，从而将声信号转变为电信号输出。因线圈的圈数很少，其输出端还接有升压变压器以提高输出电压。动圈式送话器的

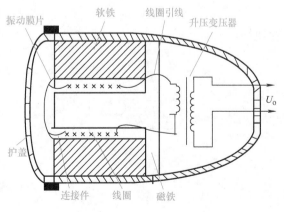

图 7-27　动圈式送话器结构

产品很多，如德国的 E602、E904、E935 和 MD421，奥地利的 D3700、D3800、D440 和 D770，美国的 RS45、RS35、RS25、8900CN、8800CN、8700CN、PG57 - XLR、PG58 - XLR 和 PG48CN - L 等。

（4）光电变换型声敏传感器

1）心音导管尖端式传感器。图 7-28 所示为心音导管尖端式传感器的应用，其压力检测元件（即振动片）配置在心音导管端部，探头比较小。它是用光导纤维束来传输光，将端部压力元件的位移由振动片反射回来，从而引起光量的变化，然后由光敏元件检测光量的变化以读出压力值。它用于测定 -50 ~ 200mmHg（1mmHg = 133.322Pa）的血压（误差为 ±2mmHg）、检测 20Hz ~ 4kHz 的心音和心杂音的发声部位以诊断疾病。压力检测元件还可使用电磁式、应变片式、压电陶瓷式等。

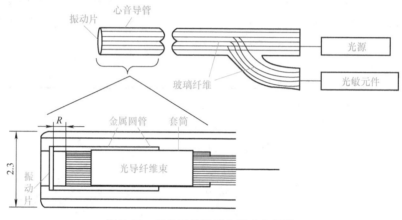

图 7-28   光导纤维导管尖端式血压计

2）光纤水听器。光纤水听器具有灵敏度高、频带响应宽、抗电磁干扰、耐恶劣环境、结构轻巧、易于遥测和构成大规模阵列等特点，尤其具有足够高的声压灵敏度，比压电陶瓷水听器高 3 个数量级。根据声波调制方式的原理不同，可分为三大类型：调相型（主要指干涉型）、调幅型和偏振型光纤水听器。图 7-29 为基于 Mach-Zehnder 光纤干涉仪的光纤水听器的原理示意图。激光经 3dB 光纤耦合器分为两路：一路构成光纤干涉仪的传感臂即信号臂，接受声波的调制；另一路构成参考臂，提供参考相位。两束波经另一个耦合器合束发生干涉，干涉光信号经光电探测器转换为电信号，解调信号经处理就可以拾取声波的信息。

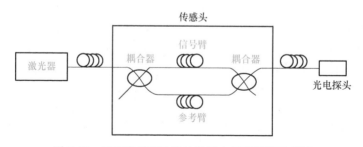

图 7-29   基于光纤干涉仪的光纤水听器原理示意图

另外，光强调制型光纤水听器是利用光纤微弯损耗导致光功率的变化和光纤中传输光强被声波调制的原理制成的；偏振型光纤水听器或光纤布拉格光栅传感器是利用光纤光栅作为基本传感元件，用水声声压对反射信号光波长的调制原理制成的，通过实时检测中心反射波长偏移情况来获得声压变化的信息。它们均可用于采集地震波信号，经过信号处理可以得到待测区域的资源分布信息；用于勘探海洋时布放在海底，可以研究海洋环境中的声传播、海洋噪声、混响、海底声学特性以及目标声学特性等，也可以制作鱼探仪用于海洋捕捞等作业。进而，声纳系统可用于岸基警戒系统、潜艇或水面舰艇的拖曳系统；水下声系统还可以通过记录海洋生物发出的声音，以研究海洋生物以及实现对海洋环境的监测等。一款 HFO - 660 型光纤水听器可以应用于石油勘探，也可布放到高温高压的勘测井中或埋到沙漠中的沙子底下用于陆地勘探领域。

7.3.3 任务实施

1. 电路原理

声控延时照明灯通过声敏传感器用普通的行人脚步声就能将电路触发，当灯被打开后，自动延迟熄灭。该电路还具有自动光控作用，在白天由光电二极管控制电路，即使受到声信号的触发，开关也不会被打开。

该电路主要由供电电路、声控接收放大电路、单稳态延时电路及光控电路四个部分构成，电路图如图7-30所示。照明灯的开启受两方面电路的控制，一方面是由光电晶体管构成的光控电路，另一方面是由压电陶瓷片构成的声控电路。而照明灯的熄灭则由延时电路控制。

(1) 供电电路　如图 7-30b 所示，供电电路由 C_1、R_1、VD_1、VS 以及 C_2 等组成。交流220V 电压一路加到照明灯 EL_1 的右端，另一路经 C_1、R_1 降压，VS 限幅，VD_1 整流以后，得到的直流电压经电容 C_2 滤波，为整个控制电路提供工作电压。

(2) 声控接收放大电路　如图 7-30a 所示，压电陶瓷片 BC 将外界传来的声响信号转换为相应的电信号后，经电容 C_3 耦合，加至由 VT_1、VT_2 组成的直接耦合式双管放大器进行放大，放大后的信号从 VT_2 的集电极输出，经电容 C_5 耦合，得到的负脉冲信号去触发 555 集成电路组成的单稳态延时器，由其去控制负载的工作。

在图 7-30a 所示电路中，R_2、RP_1 为 VT_1 管提供偏置电流，调节 RP_1 的电阻值，可改变该双管放大器的增益，进而可以控制声控电路的灵敏度。R_4 为直流负反馈电阻，用来稳定电路的工作点。C_4 为交流旁路电容，用以补偿放大器的交流增益。R_3 为放大器的输出负载电阻。

(3) 单稳态延时电路　单稳态延时电路以 555 时基集成块为主构成，R_6、C_6 组成了延迟时间设定电路，延迟时间为 $\tau \approx 1.1 R_6 C_6$。

在稳态时，555 集成块③脚的输出为低电平，对双向晶闸管不会产生影响。当有触发脉冲时，一旦 555 集成块②脚有一负脉冲触发信号输入，电路就将进入暂稳态，555 的输出端③脚随即翻转为高电平，该信号经电阻 R_8 触发双向晶闸管 VT 导通，使灯泡点亮发光。此时，电源经 R_6 对电容 C_6 进行充电，一旦 C_6 两端电位上升到约 $2V_{CC}/3$ 时，电路又自动恢复

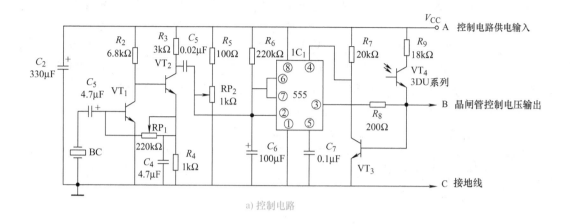

a) 控制电路

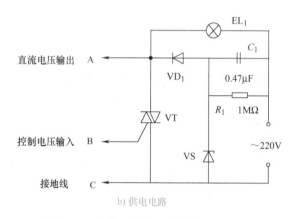

b) 供电电路

图 7-30　光控、声控延时楼道照明灯电路

到初始状态,③脚又翻转为低电平,晶闸管 VT 因失去触发电流而关断,灯泡 EL₁ 失电熄灭,控制电路暂稳态结束,进入稳态,等待下一次触发脉冲的到来。

在这部分电路中,R_5、RP_2 组成分压电路,为 555 集成块的触发端②脚提供一个开门阈值电平,调节 RP_2,使②脚的电压略大于 $V_{CC}/3$,迫使③脚输出低电平。当②脚一旦出现负脉冲信号时,单稳态电路即动作。适当调节 RP_2 也可以改变该电路的控制灵敏度。

(4) 光控电路　为了节约用电而使照明灯白天不会点亮,图 7-30 所示设置了一个由 VT_3、VT_4 以及电阻 R_7 构成的光控电路。

白天照明灯熄灭。由于白天照度强,光敏晶体管 VT_4 的 c-e 间呈低阻状态,VT_3 饱和导通,等效于将 555 集成块强制复位端④脚接地,导致 555 集成块处于复位状态,其输出③脚为低电平,双向晶闸管 VT 关断,灯泡 EL₁ 不亮。

晚上照明灯受声控电路控制。一旦自然光暗到一定程度,VT_4 因无光照而呈高阻状态,使 VT_3 截止,555 集成块④脚为高电平,555 集成块退出复位状态,其③脚为高电平,电路受声控电路控制。改变 R_9 可控制光控灵敏度。

2. 调试

声控延迟照明灯电路装配好后,按以下步骤调试。

（1）调试前的说明 为了保证安全，在调试时先用图 7-30b 中所示电路取代原电源电路，将图 7-30a 中 A、B、C 对应地接入图中对应点上就可进行调试。接通电源以后，测量电容 C_2 两端的电压，应为 8～10V。否则说明电路有故障，如检查电源无问题的话，则说明安装的控制电路有故障，应查明原因，使 8～10V 的直流电压正常后，方可进行其他部分的调试。

（2）单稳态延时电路的调试 焊下光电晶体管 VT_4 的任一引脚以及耦合电容 C_5 的任一脚，使光控与声控电路均与单稳态延时电路断开，以便对单稳态延时电路进行调整。

将 RP_2 旋至机械位置的中间，使集成电路 IC_1 的②脚触发端电压处于 $V_{CC}/2$（V_{CC} 为电源电压）左右。

为了调试方便，先用一只 2kΩ 左右的电阻并接在 R_6 的两端，以使延迟时间较短。

接通电源时，由于 IC_1 的控制端⑥、⑦脚通电初始时为低电平，输出端③脚为高电平，使 VT 被触发导通，灯泡 EL_1 点亮；约数秒以后，灯泡会自动熄灭。如果符合这一规律，就说明延时部分工作正常。

用手握一金属件（如镊子、螺钉旋具等），碰触集成块 IC_1 的②脚，灯泡 EL_1 应立即点亮发光，而后延时熄灭。

如果 EL_1 点亮过程符合上述规律，则调试结束，否则，应适当调整 RP_2 的电阻值，直至 EL_1 的点亮过程符合上述规律。通常，只要把 IC_1 ②脚电压调整到工作电源电压的 1/3 左右时，即可满足要求。

（3）声控放大电路的调试 将压电陶瓷拾音器 BC 安装好，将 C_5 拆下的一只引脚重新焊好。将可调电阻 RP_1 的滑动端调在中间位置，接通电源以后，使电路进入稳态。

手握螺钉旋具金属部位，用其柄部轻轻敲击压电陶瓷拾音器 BC，灯泡 EL_1 应随之点亮发光，而后延迟一段时间又会自动熄灭。

用击掌取代上述的敲击，每击一次掌，灯泡均应随之点亮一次，延时后又熄灭。调节这两只可调电阻使声控电路灵敏度最高时，其控制距离可达到 8m 左右。不过，为了防止干扰，通常将灵敏度调到 5m 左右距离时，使用效果最好。

（4）光控电路的调试 将光电晶体管 VT_4 拆下的一只引脚重新焊好，并使其受光面受到光照。接通电源以后，测量 VT_3 集电极电压应接近于 0V。此时，无论怎样击掌或敲击压电陶瓷拾音器，EL_1 灯泡均不应该点亮。

挡住照在 VT_4 上的光线，使光电晶体管 VT_4 不受光照，此时击掌，灯泡 EL_1 应随之点亮，而后延时一段时间自动熄灭。如果上述检查符合此规律，则说明光控电路工作正常。

适当调整 R_9，可以改变光控电路的控制灵敏度，其电阻值应根据所处环境的具体情况而确定。

（5）调试后的整理 调试结束以后，去掉电阻 R_6 上所并接的电阻，再根据实际需要适当调整 R_6 或 C_6 的值，使 EL_1 延迟熄灭时间满足要求。

7.3.4 任务总结

通过本任务的学习，应掌握如下知识重点：①声敏传感器的分类；②常用送话器的分类及工作原理；③各种声敏传感器的应用。

通过本任务的学习，应掌握如下实践技能：①能正确分析、制作与调试声敏传感器应用电路；②掌握声敏传感器的工作原理、选型。

复习与训练

7-1 气体测量有什么现实意义？

7-2 如何选择气敏传感器？

7-3 湿度传感器可以分为哪些类型？

7-4 在选用湿度传感器时，应注意什么问题？

7-5 声敏传感器的种类有哪些？

7-6 送话器的工作原理是什么？

项目8

传感器的综合应用

任务1　现代机器人中的传感器应用

8.1.1　任务目标

素质目标：培养民族复兴的使命感和团队协作精神。

通过本任务的学习，了解机器人的发展过程，掌握机器人传感器的分类，熟悉各种传感器应用对应的功能，理解传感器应用原理。

8.1.2　任务分析

现代机器人中的传感器应用

机器人可以被定义为计算机控制的能模拟人的感觉、人工操纵、具有自动行走能力而又足以完成有效工作的装置。

在近代，随着第一次、第二次工业革命中各种机械装置的发明与应用，世界各地出现了许多"机器人"玩具和工艺品。这些装置大多由时钟机构驱动，用凸轮和杠杆传递运动。

1959年美国英格伯格和德沃尔制造出世界上第一台工业机器人，机器人的历史才真正开始。第一代机器人属于"示教再现"（Teach-in/Playback）型机器人，能够按照教给它的动作重复进行工作，主要是通常所说的机械手，配有电子存储装置，能记忆重复动作。一般可以根据操作员所编的程序，完成一些简单的重复性操作。但是因为未采用传感器，所以对周围环境基本没有感知能力，无法适应外界环境的变化。

第二代机器人具备了感知能力，是有感觉的机器人。它们对外界环境有一定感知能力，并具有听觉、视觉、触觉等功能。机器人工作时，根据感觉器官（传感器）获得作业环境和作业对象的部分有关信息，灵活调整自己的工作状态，保证在适应环境的情况下完成工作。第二代机器人在工业生产中得到广泛应用，例如，有触觉的机械手可轻松自如地抓取鸡蛋，具有嗅觉的机器人能分辨出不同饮料和酒类。

第二代机器人已初步具有感觉和反馈控制的能力，能进行识别、选取和判断，这是由于采用了传感器，使机器人具有初步的智能。因而传感器的采用与否已成为衡量第二代机器人的重要特征。

第三代机器人是目前正在研究的"智能机器人"。它不仅具有比第二代机器人更加完善的环境感知能力，而且还具有逻辑思维、独立判断和决策能力，具有自我学习、自我补偿、自我诊断能力，具备神经网络，因而能够完成更加复杂的动作，可根据作业要求与环境信息自主地进行工作。例如，中央计算机控制手臂和行走装置，使机器人的手完成作业，脚完成移动，机器人能够用自然语言与人对话。智能机器人的"智能"特征就在于它具有与外部世界——对象、环境和人相适应、相协调的工作机能。从控制方式看，智能机器人不同于工业机器人的"示教、再现"，不同于遥控机器人的"主—从操纵"，而是以一种"认知—适应"的方式自律地进行操作。

智能机器人在发生故障时，通过自我诊断装置能自我诊断出故障部位，并能自我修复。今天，智能机器人的应用范围大大地扩展，除工农业生产外，已应用到各行各业，机器人已具备人类的特点。机器人向着智能化、拟人化方向发展的道路，是没有止境的。机器人是虽然外表可能不像人，也不以人类的方式操作，但可以代替人力自动工作的机器。

可以看到传感器在机器人的发展过程中起着举足轻重的作用。第三代智能机器人的重要标志是"计算机化"，然而，计算机处理的信息，必须要通过各种传感器来获取，因而这一代机器人需要有更多的、性能更好的、功能更强的、集成度更高的传感器。

1. 机器人传感器

机器人是由计算机控制的复杂机器，它具有类似人的肢体及感官功能；动作灵活；有一定程度的智能；在工作时可以不依赖人的操纵。机器人传感器在机器人的控制中起了非常重要的作用，正因为有了传感器，机器人才具备了类似人类的知觉功能和反应能力。

机器人传感器可以定义为一种能将机器人目标物的特性（或参量）变换为电量输出的装置，机器人通过传感器实现类似于人的知觉作用，传感器常被称为机器人"电五官"。

工业机器人传感器根据检测对象的不同可分为内部传感器和外部传感器。

内部传感器是以机器人本身的坐标来确定其位置，其功能是检测机器人自身的状态（如手臂间角度），用于系统控制，使机器人按规定的位置、轨迹、速度、加速度和受力大小进行工作。

外部传感器则用于机器人本身相对其周围环境的定位，用于机器人对周围环境、目标物的状态特征信息获取，识别工作环境（如是什么物体，离物体的距离有多远等），为机器人提供应对环境变化的依据，使机器人能控制、操作对象物体、应对环境变化和修改程序。

2. 内部传感器

内部传感器装在操作机上，包括位移、速度、加速度传感器，是为了检测机器人操作机的内部状态，在伺服控制系统中作为反馈信号。内部传感器中，位置传感器和速度传感器是当今机器人反馈控制中不可缺少的元件。根据其测量目的可以将内部传感器分为如下几类：

（1）规定位置、规定角度的检测　可以用开/关两个状态值，来检测预先规定的位置或角度。

1）微型开关。规定的位移或力作用到微型开关的可动部分（称为执行器）时，开关的电气触点断开或接通。限位开关通常装在盒里，以防外力的作用和水、油、尘埃的侵蚀。

2）光电开关。光电开关是由 LED 光源和光电二极管或光电晶体管等组成，相隔一定距离而构成的透光式开关。当光由基准位置的遮光片通过光源和光敏器件的缝隙时，光射不到光敏器件上，而起到开关的作用。

（2）位置、角度测量　测量机器人关节线位移和角位移的传感器是机器人位置反馈控制中必不可少的元件。

1）电位器。电位器可作为直线位移和角位移检测元件，为了保证电位器的线性输出，应保证等效负载电阻远远大于电位器总电阻。电位器式传感器结构简单，性能稳定，使用方便，但分辨力不高，且当电刷和电阻之间接触面磨损或有尘埃附着时会产生噪声。

2）旋转变压器。旋转变压器由铁心、两个定子绕组和两个转子绕组组成，是测量旋转角度的传感器。定子和转子由硅钢片和坡莫合金叠层制成，旋转变压器的原理图如图8-1所示。在各定子绕组加上交流电压，转子绕组中由于交链磁通的变化产生感应电压。感应电压和励磁电压之间相关联的耦合系数随转子的转角而改变。因此，根据测得的输出电压就可以知道转子转角的大小。

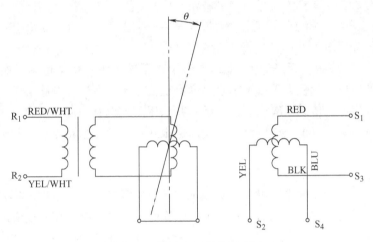

图8-1 旋转变压器的原理图

3）编码器。编码器输出表示位移增量的编码器脉冲信号，并带有符号。根据检测原理，编码器可分为光学式、磁式、感应式和电容式几种，光电编码器工作原理图及输出波形如图8-2所示。

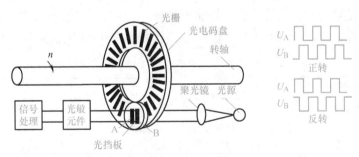

图8-2 光电编码器工作原理及输出波形

(3) 速度、角速度测量 速度、角速度测量是驱动器反馈控制必不可少的环节。有时也利用测位移传感器测量速度及检测单位采样时间位移量，但这种方法有其局限性：低速时有测量不稳定的危险；高速时，只能获得较低的测量准确度。最通用的速度、角速度传感器是测速发电机或转速传感器、比率发电机。测量角速度的测速发电机，按其构造可分为直流测速发电机、交流测速发电机和感应式交流测速发电机。

(4) 加速度测量 随着机器人的高速比、高准确度化，机器人的振动问题逐渐提上日程。为了解决振动问题，有时在机器人的运动手臂等位置安装加速度传感器，测量振动加速度，并把它反馈到驱动器上。加速度传感器按工作原理可分为压电式、压阻式和电容式。

压电式传感器是通过利用某些特殊的敏感芯体受振动加速度作用后会产生与之成正比的电荷信号的特性，来实现振动加速度的测量。这种传感器一般都具有测量频率范围宽、量程大、体积小、重量轻、结构简单坚固、受外界干扰小以及产生电荷信号不需要任何外界电源等优点；它最大的缺点是不能测量零频率信号。

压阻式传感器的敏感芯体为采用半导体材料制成的电阻测量电桥，用来实现测量加速度信号，这种传感器的频率测量范围和量程也很大，体积小、重量轻；但是缺点也很明显，就是受温度影响较大，一般都需要进行温度补偿。

电容式传感器中一般由一个可运动质量块与一个固定电极组成一个电容，当受加速度作用时，质量块与固定电极之间的间隙会发生变化，从而使电容值发生变化。它的优点很突出，灵敏度高、零频响应、受环境（尤其是温度）影响小等；缺点也同样突出，主要是输入、输出非线性对应，量程有限以及本身是高阻抗信号源，需后续电路给予改善。

相比之下，压电式传感器应用更为广泛一些，压阻式也有一定程度的应用，而电容式主要用于低频测量。除了以上三种以外，近年来伺服式加速度传感器也在工业机器人上越来越多地被使用。

伺服式加速度传感器工作于闭环状态下，其振动系统由 m - k 系统构成，在质量块 m 上接有电磁线圈，当有加速度输入时，质量块 m 偏离平衡位置，由位移检测器检测其位移大小并经伺服放大器处理后以电流的形式输出，电流流经电磁线圈，在磁场中产生电磁恢复力力图使 m 恢复平衡位置。伺服式加速度传感器存在反馈，具有抗干扰能力强、动态性能好、测量准确度高等特点，已广泛地应用于惯性导航、惯性制导系统中。

3. 外部传感器

为了检测作业对象及环境或机器人与它们的关系，在机器人上安装了视觉传感器、触觉传感器、接近觉传感器和听觉传感器等外部传感器，大大改善了机器人工作状况，使其能够更充分地完成复杂的工作。机器人外部传感器的分类及应用见表 8-1。

表 8-1 机器人外部传感器的分类及应用

传感器类型	检测对象	传感器	应用
视觉	空间形状	面阵 CCD、SSPD、TV 摄像机	物体识别、判断
	距离	激光测距仪、超声测距仪、立体图像摄影机	移动控制
	物体位置	PSD、线阵 CCD	位置断定、控制
	表面形状	面阵 CCD	检查、异常检测
	光亮度	光电管、光敏电阻	判断对象有无
	物体颜色	色敏传感器、彩色 TV 摄像机	物料识别、颜色选择
触觉	接触	微型开关、光电传感器	控制速度、位置、姿态确定控制
	握力	应变计、半导体压力元器件	测量握力、识别握持物体
	负荷	应变片、负荷单元	张力控制、指压控制
	压力大小	导电橡胶、感压高分子元件	姿态、形状判别
	压力分布	应变片、半导体感压元件	装配力控制
	力矩	压阻元件、转矩传感器	手腕控制、伺服控制双向力修正
	滑动	光电编码器、光纤	测量握力、测量质量或表面特征

（续）

传感器类型	检测对象	传感器	应用
接近觉	接近程度 接近距离 倾斜度	光敏元件、激光测距仪 光敏元件 超声换能器、电感式传感器	作业程序控制 路径搜索、控制、避障 平衡、位置控制
听觉	声音 超声	扬声器 超声换能器	语音识别、人机对话 移动控制
嗅觉	气体成分 气体浓度	气敏传感器、射线传感器	化学成分分析
味觉	味道	离子敏传感器、pH 计	化学成分分析

（1）视觉传感器　视觉传感器获取的信息量非常大，但目前还远未能使机器人视觉具有人类完全一样的功能，一般仅把视觉传感器的研制限于完成特殊作业所需要的功能。

视觉传感器把光学图像转换为电信号，即把入射到传感器光敏面上按空间分布的光强信息转换为按时序串行输出的电信号——视频信号，而该视频信号能再现入射的光辐射图像。视觉传感器摄取的图像经空间采样和模-数转换后变成一个灰度矩阵，送入计算机存储器中，形成数字图像。为了从图像中获得期望的信息，需要利用计算机图像处理系统对数字图像进行各种处理，将得到的控制信号送给各执行机构。

与二维视觉相比，三维视觉是最近才出现的一种技术。三维视觉系统必须具备两个不同角度的摄像机或使用激光扫描器，通过这种方式检测对象的第三维度。同样，现在也有许多的应用使用了三维视觉技术。例如零件取放，利用三维视觉技术检测物体并创建三维图像，分析并选择最好的拾取方式。

1）人工网膜。人工网膜是用光电管阵列代替网膜感受光信号。其最简单的形式是 3×3 的光电管矩阵，多的可达 256×256 个像素的阵列甚至更高。

以 3×3 阵列为例，数字字符 1，得到的正、负像如图 8-3 所示，大写字母字符 I，所得正、负像如图 8-4 所示。上述正、负像可事先作为标准图像存储起来。

```
              0    1    0                -1    0   -1

正像          0    1    0        负像     -1    0   -1

              0    1    0                -1    0   -1
```

图 8-3　数字字符 1 的 3×3 阵列

```
              1    1    1                 0    0    0

正像          0    1    0        负像     -1    0   -1

              1    1    1                 0    0    0
```

图 8-4　字母字符 I 的 3×3 阵列

工作时得到数字字符 1 的输入，其正、负像可与已存储的 1 和 I 的正、负像进行比较，结果参见表 8-2。

表 8-2　图像数字阵列

相　关　值	与 1 比较	与 I 比较
正相关值	3	3
负相关值	6	2
总相关值	9	5

在两者比较中，是 1 的可能性远比是 I 的可能性大，前者总相关值是 9，等于阵列中光电管的总数，这表示所输入的图像信息与预先存储的图像数字字符 1 的信息是完全一致的。

由此可判断输入的字符是数字字符 1，不是大写字母字符 I，也不是其他字符。

2）光电探测器。最简单的光电探测器是光电管和光电二极管。光电管的电阻随所受光照度而变化；而光电二极管像太阳电池一样是一种光生伏特器件，当"接通"时能产生与光照度成正比的电流。光电二极管可以是固态器件，也可以是真空器件，在检测中用来产生开/关信号，检测一个特征或物体的有无。

固态探测器件可以排列成线性阵列和矩阵阵列，从而使之具有直接测量或摄像的功能。例如要测量的特征或物体以影像或反射光的形式在阵列上形成图像，就可以通过计算机快速扫描各个单元，把被遮暗或照亮的单元数目记录下来。

固态摄像器件是做在硅片上的集成电路，硅片上有一个极小的光敏单元阵列，在入射光的作用下可以产生电子。硅片上还包含一个用以积累和存储电子的存储单元阵列、一个能按顺序读出存储电子的扫描电路。

目前用于非接触测量的固态阵列有自扫描光电二极管（SSPD）、电荷耦合器件（CCD）、电荷耦合光电二极管（CCPD）和电荷注入器件（CID），其主要区别在于电流形成的方式和电流流出方式不同。在这四种阵列中使用的光敏元件，既有扩散型二极管，也有场致光探测器，前者具有较宽的光谱响应和较低的暗电流，后者往往反射损失较大并对某些波长有干扰。

读出机构有数字或模拟移位器。在数字移位器中，控制一组多路开关，将各探测单元中的电子依次注入公共母线，产生视频输出信号。由于所有开关都必须连接到输出线上，所以数字移位器的电容相当大，从而限制了能达到的信噪比。

目前在机器人视觉中采用的非接触测试的固态阵列以 CCD 器件占多数，单个线性阵列已达到 4096 个单元，CCD 面阵已达到 512×512 及更高。利用 CCD 器件制成的固态摄像机有较高的几何准确度、更大的光谱范围、更高的灵敏度和扫描速率，并具有结构尺寸小、功耗低、耐久可靠等优点。

3）激光传感器。激光束以恒定的速度扫描被测物体，由于激光方向性好、亮度高，因此光束在物体边缘形成强对比度的光强分布，经光电元件转换成脉冲电信号，脉冲宽度与被测尺寸成正比，从而实现了机器人对物体尺寸的非接触测量。

利用激光作为光源的视觉传感器，其原理如图 8-5a 所示。激光视觉传感器由光电转换及放大元件、高速回转多面棱镜、激光器等组成。随着棱镜的旋转，将激光器发出的激光束反射到被测物体的条形码上进行一维扫描，条形码反射的光束由光电转换及放大元件接收并放大，再传输给信号处理装置，从而对条形码进行识别。这种传感器可用作激光扫描器来识别商品上面的条形码，也可用来检测被测物体表面的大小裂纹缺陷，如图 8-5b、c 所示。

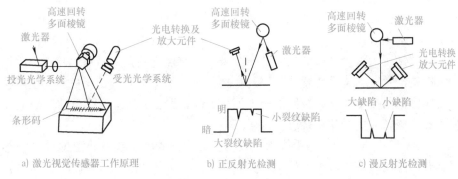

图 8-5 激光视觉传感器

(2) 触觉传感器 机器人触觉系统是模拟人的皮肤与物体接触的感觉功能,特别是在黑暗处或者因障碍物的影响导致无法通过视觉获取信息的条件下,使机器人具备触觉功能可以获取周围环境信息,以完成执行操作过程中所需要的微观判断的任务。

机器人的触觉主要有两方面的功能:一是识别功能,识别对象物的形状(如识别接触到的表面形状);二是检测功能,对操作物进行物理性质检测,如光滑性、硬度等。其目的是:感知危险状态,实施自我保护;灵活地控制手爪及关节以操作对象物;使操作具有适应性和顺从性。

触觉传感器常常包含许多触觉敏感元,并以阵列的形式排列,通过这些触觉敏感元与物体相互接触产生触觉图像,并进行分析与处理,这种工作方式称为被动式触觉。但是,实际应用中,一方面由于触觉传感器的空间分辨力大大提高,其工作平面尺寸比被识别物体要小得多;另一方面机器人控制中需要得到物体的三维信息。因此,在被动式触觉的基础上,将触觉传感器安装在机器人上,随着机器人的不断运动,传感器可得到被识别物体的三维触觉信息,通过进一步处理与识别,并反映给机器人控制器,这样可以使机器人获取周围环境信息,识别物体形状,确定物体空间位置等,从而达到智能控制和避障的目的,这种工作方式称为主动式触觉。在安装触觉传感器时,一般安装在手、足、关节等主要的操作部位。广义上说,机器人触觉可分为接触觉、压觉、力觉、滑觉等几种。

1) 接触觉传感器。接触觉是通过与对象物体彼此接触而产生的,所以最好使用手指表面高密度分布触觉传感器阵列,它柔软易于变形,可增大接触面积,并且有一定的强度,便于抓握。接触觉传感器可检测机器人是否接触目标或环境,用于寻找物体或感知碰撞。主要有机械式、弹性式和光纤式等。

① 机械式传感器。利用触点的接触或断开获取信息,通常采用微动开关来识别物体的三维轮廓,由于结构关系无法高密度列阵。

② 弹性式传感器。这类传感器都由弹性元件、导电触点和绝缘体构成。如采用导电性石墨化碳纤维、氨基甲酸乙酯泡沫、印制电路板和金属触点构成的传感器,碳纤维被压后与金属触点接触,开关导通。也可由弹性海绵、导电橡胶和金属触点构成,导电橡胶受压后,海绵变形,导电橡胶和金属触点接触,开关导通。也可由金属和铍青铜构成,被绝缘体覆盖的青铜箔片被压后与金属接触,触点闭合。

③ 光纤式传感器。这种传感器包括由一束光纤构成的光缆和一个可变形的反射表面。光通过光纤束投射到可变形的反射材料上,反射光按相反方向通过光纤束返回。如果反射表

面是平的，则通过每条光纤所返回的光的强度是相同的。如果反射表面因与物体接触受力而变形，则反射的光强度不同。用高速光扫描技术进行处理，即可得到反射表面的受力情况。

④ 有机高分子聚二氟乙烯（PVDF）构成的接触觉传感器。PVDF 是一种具有压电效应和热释电效应的敏感材料，其厚度只有几十微米，具有优良的柔性及压电特性，除接触觉传感器外，它也是滑觉、热觉等传感器常用的材料，是人们用于研制仿生皮肤的主要材料。当机械手表面接触到物体时，接触瞬间的压力使得 PVDF 因压电效应产生电荷，经电荷放大器产生脉冲信号，该脉冲信号就是接触觉信号。

2）压觉传感器。压觉指的是手指给予被测物的力，或者加在手指上的外力的感觉。压觉主要用于握力控制与手的支撑力检测，其基本要求是：小型轻便、响应快、阵列密度高、再现性好、可靠性高。目前，压觉传感器主要是分布型压觉传感器，即通过把分散敏感元件阵列排列成矩阵式格子来设计而成。导电橡胶、感应高分子、应变计、光电元件和霍尔元件常被用作敏感元件单元。这种传感器在调整器的轴上安装了线性弹簧。一个传感器有 10mm 的有效行程。在此范围内，将力的变化转换为长度位移，以便进行检测。在一侧手指上，每个 6mm×8mm 的面积分布一个传感器，共排列了 28 个（4 行 7 列）传感器。左右两侧总共有 56 个传感器。压觉传感器具有如下优点：可以多点支撑物体；从操作的观点来看，能牢牢抓住物体。

以常见的硅电容压觉传感器为例，其阵列剖面图如图 8-6 所示。硅电容压觉传感器阵列由若干个电容均匀地排列成一个简单的电容阵列。当机器人手指握持物体时，传感器将能感受到一个外力的作用，这个作用力通过表皮层和垫片层传到电容极板上，改变了两极板间的极间距 d，从而引起电容 C_x 的变化，其变化量随作用力的大小变化，经转换电路输出电压给计算机，再与标准值进行比较后，按程序输出指令给执行机构，使机器手指保持适当握力。

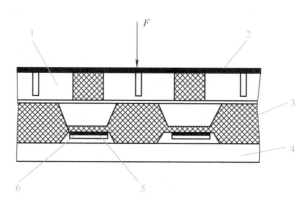

图 8-6　硅电容压觉传感器阵列剖面图
1—柔性垫片层　2—表皮层　3—硅片　4—衬底　5—SiO_2　6—电容极板

3）力觉传感器。力觉是指对机器人的指、肢和关节等运动中所受力的感知。力不是直接可测量的物理量，而是通过其他物理量间接测量出的，例如采用应变片、弹簧的变形测量力；通过检测物体压电效应检测力；通过检测物体压磁效应检测力等。力觉传感器是一类触觉传感器，它在机器人和机电一体化设备中具有广泛的应用。

根据被测对象的负载，可以把力传感器分为测力传感器（单轴力传感器）、力矩表（单轴力矩传感器)、手指传感器(检测机器人手指作用力的超小型单轴力传感器)和六轴力觉传感器。

按照安装部位通常将机器人的力传感器分为三类:

① 装在机器人关节驱动器上的力传感器,测量驱动器输出力和力矩,用于力的控制。

② 装在末端执行器和机器人最后一个关节之间的力传感器,称为腕力传感器,测量末端执行器上的各向力和力矩。

③ 装在机器人手指关节上的力传感器,称为指力传感器,测量手指抓取物体时的受力情况。

根据力的检测方式不同,力觉传感器可分为应变片式、压电式、差动变压器式和电容位移计式。图8-7是应变片式十字梁腕力传感器。它整体采用轮辐式结构,传感器在十字梁与轮缘连接处有一个柔性环节,在四根交叉梁上共贴有 32 个应变片,组成 8 路全桥输出。

检测机器人手指力的方法,一般是从螺旋弹簧的应变量推算出来的。在图 8-8 所示的脉冲电动机的指力传感器的结构中,由脉冲电动机通过螺旋弹簧去驱动机器人手指。所检测出的螺旋弹簧的转角与脉冲电动机转角之差即为变形量,从而也就可以知道手指所产生的力。对于这种机器人手指,可以进行控制,令其完成搬运之类的工作。手指部分的应变片,是一种

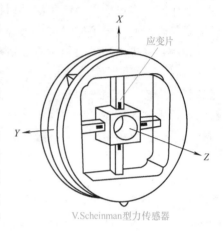

V.Scheinman型力传感器

图 8-7　应变片式十字梁腕力传感器

控制力量大小的元件。对于以精密镶嵌为代表的装配操作,就必须检测出机器人手腕部分的力并进行反馈,以控制机器人的手臂和手腕。图 8-9 所示为装配机器人腕力传感器。机器人的这种手腕是具有弹性的,通过应变片构成力觉传感器,利用这些传感器的信号就可算出力的方向和大小。

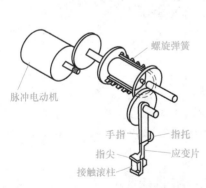

图 8-8　脉冲电动机的指力传感器

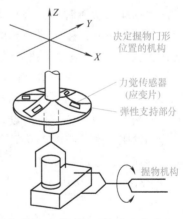

图 8-9　装配机器人腕力传感器

4) 滑觉传感器。机器人要抓住属性未知的物体,必须对物体作用最佳大小的握持力,以保证既能握住物体不产生滑动,而又不使被抓物滑落,还不至于因用力过大使物体变形而损坏。在手爪间安装滑觉传感器就能检测出手爪与物体接触面之间相对运动(滑动)的大

小和方向。滑觉传感器有滚动式和球式，还有一种通过振动检测滑觉的传感器。

图 8-10 为一种常用的光电式滑觉传感器（又称为滚轴式滑觉传感器），其基本结构是滚动轴承与轴的连接机构。固定不动的轴上安装了一对光电管（发光二极管与光电管），轴承受力产生滚动，在轴的内圈中部安置了一片带几十条狭缝的圆板，带狭缝的圆板处在光电管对的中间，当滚筒受力产生滚动时，狭缝圆板随之旋转，使发光管的光束交替地通断，这样，光敏管将输出与滑动相对应的滑动位移信号（脉冲信号），从而检测出滑动。为了使轴能顺利地旋转，滚轴表面贴有胶膜。滑觉传感器的轴用簧片固定在手指主体上，在手指张开的状态下，传感器突出手指接触面 1mm。当手指握住物体时，簧片弯曲，传感器后退，若物

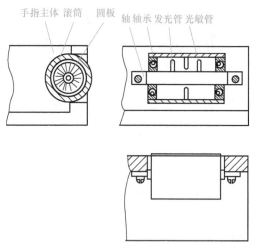

图 8-10　光电式滑觉传感器

体有滑动，就会带动传感器的滚轴滚动，光敏元件就有脉冲信号输出，脉冲信号的频率与滑动力的大小有关。不过，如果物体的滑动力方向不同，滑动检测的灵敏度将会下降。为了检测握持力，簧片表面还安装有应变片。

光电式滑觉传感器只能感知一个方向的滑觉（称为一维滑觉），若要感知二维滑觉，则可采用球形滑觉传感器，如图 8-11 所示。该传感器有一个可自由滚动的球，球的表面是用导体和绝缘体按一定规格布置的网格，在球表面安装有接触器。当球与被握持物体相接触时，如果物体滑动，将带动球随之滚动，接触器与球的导电区交替接触从而发出一系列的脉冲信号 U_f，脉冲信号的个数及频率与滑动的速度有关。球形滑觉传感器所测量的滑动不受滑动方向的限制，能检测全方位滑动。在这种滑觉传感器中，也可将两个接触器改用光电传感器代替，滚球表面制成反光和不反光的网格，以提高可靠性，减少磨损。

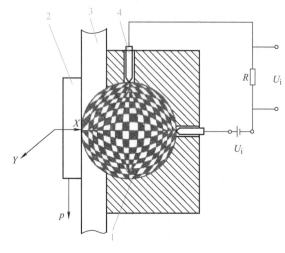

图 8-11　球形滑觉传感器
1—滑动球　2—被抓物　3—软衬　4—接触器

5）接近觉传感器。接近觉传感器用于感知一定距离内的场景状况，所感应的距离范围一般为几毫米至几十毫米，也有的可达几米。接近觉为机器人的后续动作提供必要的信息，供机器人决定以什么样的速度接近或避让对象以及逼近或避让的路径。常用的接近觉传感器有电磁式、光电式、电容式、超声波式、红外式、微波式等多种类型。

① 电磁式接近觉传感器。常用的电磁式接近觉传感器有电涡流式传感器和霍尔式传感

器。这类传感器用以感知近距离的、静止物体的接近情况。电涡流式接近觉传感器由于准确度比较高、响应速度快、受环境影响小、结构简单，而且可以在高温下工作，因此在工业机器人中应用比较多。

电涡流式接近觉传感器的基本原理是：当金属块置于交变的磁场中时（或者在固定磁场中运动时），金属体内就产生感应电流，这种感应电流的流线在金属体内是闭合的，称之为涡流。涡流的大小与金属对象物的几何形状、电导率、磁导率及激励线圈与对象物表面的距离等有关，当对象物几何形状及内部电参数不变时，涡流的大小只随激励线圈与对象物表面距离的变化而变化。

电涡流式对非金属材料的物体无法感知，霍尔式对非磁性材料的物体无法感知，选用时需根据具体情况而定。

② 光电式接近觉传感器。光电式接近觉传感器采用发射-反射式原理，如图 8-12 所示。这种传感器适合于判断有无物体接近，由于不同的物体具有不同的光反射率，因此难于感知物体距离的数值。另外，物体表面的反射率等因素对传感器的灵敏度有较大影响。

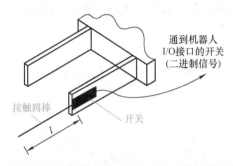

图 8-12 安装在机器人抓爪上的光电式接近觉传感器

③ 超声波式接近觉传感器。超声波式接近觉传感器既可以用一个超声波换能器兼做发射和接收元件；也可以用两个超声波换能器，一个作为发射器，另一个作为接收器。超声波式接近觉传感器除了能感知物体有无外，还能感知物体的远近距离，距离 l 与声速 c、时间 t 的关系为

$$l = \frac{1}{2}ct \tag{8-1}$$

超声波式接近觉传感器最大的优点是不受环境因素的影响，也不受物体材料、表面特性等的限制，因此适用范围较大。

6）听觉传感器。听觉也是机器人的重要感觉之一。由于计算机技术及语音学的发展，现在已经实现用机器代替人耳，不仅可通过语音处理及识别技术识别讲话人，还能正确理解一些简单的语句。然而，由于人类的语言非常复杂，无论哪个民族，其语言的词汇量都非常大，即使是同一个人，他的发音也会随着环境及身体状况而有所变化，因此，使机器人的听觉具有接近人耳的功能还相差甚远。

从应用的目的来看，可以将识别声音的系统分为两大类：

① 发音人识别系统。发音人识别系统的任务是判别接收到的声音是否是事先指定的某个人的声音，也可以判别是否是事先指定的一批人中的哪个人的声音。

② 语义识别系统。语义识别系统可以判别语音是什么字、短语、句子，而不管说话人

是谁。

为了实现语音的识别，主要任务就是要提取语音的特征。一句话或一个短语可以分为若干个音或音节，为了提取语音的特征，必须把一个音再分为若干个小段，再从每一个小段中提取语音的特征。语音的特征很多，对每一个字音就可以由这些特征组成一个特征矩阵。

语音识别的方法很多，其基本原理是将事先指定的人的声音的每一个字音的特征矩阵存储起来，形成一个标准模式。系统工作时，将接收到的语音信号用同样的方法求出它们的特征矩阵，再与标准模式相比较，看它与哪个模式相同或相近，从而识别该语音信号的含义。

机器人听觉系统中，听觉传感器的基本形态与传声器相同，所以在声音的输入端方面问题较少。其工作原理多为利用压电效应、磁电效应等。

7）嗅觉传感器。人的嗅觉感受器官是位于上鼻道及鼻中隔后上部的嗅上皮。嗅上皮含有三种细胞，即主细胞、支持细胞和基底细胞。主细胞也称为嗅细胞，呈圆瓶状，细胞顶端有 5～6 条短的纤毛。嗅细胞的纤毛受到悬浮于空气中的物质分子刺激时，有神经冲动传向嗅球，进而传向更高级的嗅觉中枢，引起嗅觉。

有人分析了 600 种有气味的物质和它们的化学结构，提出至少存在 7 种基本气味，其他种气味则是由这些基本气味的组合所引起的。实验发现，每个嗅细胞只对一种或两种特殊的气味有反应，这样看来，一个气敏传感器就相当于一个嗅细胞。

机器人的嗅觉传感器主要采用气敏传感器、射线传感器等。有关这些传感器的内容可参看前面的内容。

机器人的嗅觉主要有以下用途：①用于检测空气中的化学成分、浓度；②用于检测放射线、可燃气体及有毒气体；③用于了解环境污染、预防火灾和毒气泄漏报警。

8）味觉传感器。人的味觉感受器官是味蕾，每一种味蕾由味觉细胞和支持细胞组成。味蕾细胞顶端有纤毛，称味毛，从味蕾表面的孔伸出，是味觉感受器的关键部位。人和动物的味觉系统可以感受和区分出多种味道。人们在很早以前就知道，众多味道是由 4 种基本味觉组合而成的，这就是甜、酸、苦和咸。研究发现，一条神经纤维并不是只对一种基本味觉刺激起反应，每个味觉细胞几乎对 4 种基本刺激都起反应，但在同样物质量的情况下，只有一种刺激能引起最大感受电位。

通过人的味觉研究可以看出，要制作出一个好的味觉传感器，还要通过努力，在发展离子传感器与生物传感器的基础上，配合微型计算机进行信息的组合来识别各种味道。通常味觉是指对液体进行化学成分的分析。实用的味觉方法有 pH 计、化学分析器等。

一般味觉可探测溶于水中的物质，嗅觉探测气体状物质，而且在一般情况下，当探测化学物质时嗅觉比味觉更敏感。

随着"智能制造"的深入，系统中使用的传感器种类和数量越来越多，每种传感器都有一定的使用条件和感知范围，并且又能给出环境或对象的部分或整个侧面的信息，为了有效地利用这些传感器信息，需要采用某种形式对传感器信息进行综合、融合处理，不同类型信息的多种形式的处理系统就是传感器融合。传感器的融合技术涉及神经网络、知识工程、模糊理论等信息、检测、控制领域的新理论和新方法。机器人传感器的信息融合如图 8-13 所示。

目前，要使多传感器信息融合体系化尚有困难，而且缺乏理论依据。多传感器信息融合的理想目标应是人类的感觉、识别、控制体系，但由于对后者尚无一个明确的工程学的阐述，所以机器人传感器融合体系要具备什么样的功能尚是一个模糊的概念。相信随着机器人智能水平的提高，多传感器信息融合理论和技术将会逐步完善和系统化。

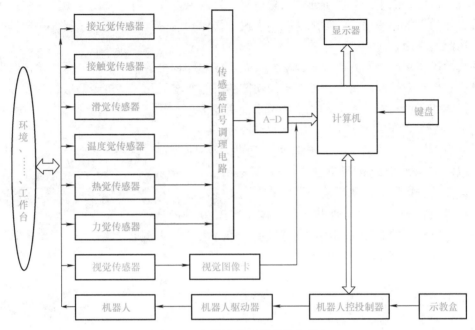

图 8-13 机器人传感器的信息融合

8.1.3 任务总结

通过本任务的学习，应掌握如下知识重点：①机器人的发展历史；②机器人传感器的分类；③各种传感器应用对应的机器人功能，理解传感器应用原理。

任务 2   手机中的传感器应用

8.2.1 任务目标

素质目标：培养民族自豪感和不怕困难、锐意进取的精神。

通过本任务的学习，了解手机中的各种传感器应用，熟悉各种传感器应用对应的手机功能，理解传感器应用原理，熟悉典型应用器件。

8.2.2 任务分析

随着技术的进步，手机已经不再是一个简单的通信工具，而是具有综合功能的便携式的电子设备。用户可以用手机听音乐、看电影、拍照等。手机变得"无所不能"，在这种情况下各种传感器在手机中的应用应运而生，这些传感器的应用为智能手机增加了感知能力，使手机能够知道用户要做什么，甚至做什么动作。手机中传感器的应用是非常广泛的，尤其是当前的智能手机。

1. 手机摄像头

手机的摄像功能指的是手机通过内置或是外接的摄像头进行静态图片拍摄、短片拍摄或扫描等，作为手机的一项新的附加功能，手机的摄像功能得到了迅速的发展，在现实生活中得到了广泛的应用。

手机的摄像功能离不开摄像头，摄像头是组成数码相机的重要部件，而图像传感器是其中的核心。现在使用的手机中，没有摄像功能的可能寥寥无几。手机中的摄像头在手机实现拍照、摄像和微信"扫一扫"等功能中起着至关重要的作用。

（1）手机摄像头的外形和结构　摄像头分为数字摄像头和模拟摄像头两大类。现在手机上的摄像头基本以数字摄像头为主，如图8-14所示，数字摄像头可以直接捕捉影像，然后通过数字信号处理芯片进行处理后，送到 CPU，通过显示屏显示出来，而这一点是模拟摄像头所做不到的。手机摄像头一般由镜头、图像传感器和接口等组成。

1）手机摄像头镜头。手机摄像头镜头通常采用钢化玻璃或 PMMA（有机玻璃，也叫亚克力），镜头固定在图像传感器的上方，大部分手机摄像头的镜头在出厂时都已经调好固定。

2）图像传感器。图像传感器是手机摄像头的

图8-14　手机中的数字摄像头

成像感光器件，而且是与照相机一体的，是手机摄像头的核心，也是最关键的技术。目前手机摄像头的核心成像部件有两种：一种是互补金属氧化物半导体（CMOS）器件；另一种是广泛使用的电荷耦合器件（CCD）。

CMOS（Complementary Metal Oxide Semiconductor）传感器便于大规模生产，且速度快，成本较低，是数码照相机关键器件的发展方向之一。作为在手机摄像头中可记录光线变化的半导体，它的制造技术和一般计算机芯片没有什么差别，主要是利用硅和锗这两种元素所做成的半导体，使其在 CMOS 上共存着带 N 和 P 极的半导体，这两个互补效应所产生的电流即可被处理芯片记录和解读成影像。CMOS 成像器件的最大缺点是很容易出现杂点，主要原因是在处理快速变化的影像时由于电流变化过于频繁而会产生过热的现象。

CCD（Charge Coupled Device），即"电荷耦合器件"，在当前手机摄像头中应用十分广泛，它是以百万像素为单位的。数码相机规格中的多少百万像素，指的就是 CCD 的分辨率。CCD 是一种感光半导体芯片，用于捕捉图形，广泛运用于扫描仪、复印机以及数码照相机等设备，被移植到手机上后，使手机功能倍增。与胶卷的原理相似，光线穿过一个镜头，将图形信息投射到 CCD 上。但与胶卷不同的是，CCD 既没有能力记录图形数据，也没有能力永久保存下来，甚至不具备"曝光"能力。所有图形数据都会不停留地送入一个"模-数"转换器、一个信号处理器以及一个存储设备（比如内存芯片或内存卡）。CCD 有各式各样的尺寸和形状，最大的有 $2 \times 2in^2$（$1in = 2.54cm$）。

3）接口。手机中内置的摄像头本身是一个完整的组件，一般采用排线、板对板连接器，以弹簧卡式连接方式与手机主板进行连接，将图像信号传送到手机主板的数字信号处理

DSP（Digital Signal Proccssing）芯片中进行处理。

4）数字信号处理芯片（DSP）。数字信号处理芯片 DSP 的作用是，通过一系列复杂的数学算法运算，对数字图像信号参数进行优化处理。数字信号处理芯片在手机主板上，将图像进行处理后，在 CPU 的控制下送到显示屏，然后就能够在显示屏上看到镜头捕捉的景物了。

（2）手机摄像头的工作原理　手机摄像头工作流程如图 8-15 所示，景物通过镜头（LENS）生成的光学图像投射到图像传感器表面上，然后转为电信号，经过 A - D 转换后变为数字图像信号，再送到数字信号处理芯片（DSP）中经过一系列复杂的数学算法运算，并对数字图像信号参数进行优化处理后，再通过 CPU 进行处理和控制，就能够在显示屏（LCD）上显示镜头捕捉的景物图像了。需要指出的是，CMOS 图像传感器中没有 A - D 转换过程，这从前述原理也能看出。

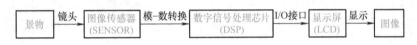

图 8-15　手机摄像头工作流程

2. 手机光线传感器

光线传感器是从 2002 年 NOKIA7650 手机开始使用的，而在当前流行的各款智能手机中，大多都用到光线传感器，它在使手机功能得到了人性化凸显的同时，也给人们带来了更多便利，尤其是待机时间。光线传感器在最新款的 iPhone 手机中也得到了很好的应用。

（1）手机中常见光线传感器使用功能　在手机中使用的光线传感器件一般是光电晶体管，光电晶体管有电流放大作用，所以比光敏电阻和光电二极管应用更广泛。光电晶体管在手机上的应用主要是根据环境光线明暗来判断用户的使用条件，从而对手机进行智能调节，达到节能和方便用户使用的目的。常见的功能概括起来主要有以下几种：

1）某些手机移动到耳边打电话时，就会自动关闭屏幕和背光，这样就可以延长手机的续航时间，与此同时手机关闭了触屏，又可以防止发生打电话过程中误触屏幕挂断电话的误操作。

2）某些手机在黑暗环境下能自动降低背光亮度，这样就可以避免因为背光太亮而刺眼，同时在太阳强光下自动增加屏幕亮度，使显示更清楚。

3）另外还有些手机可以利用光线亮度控制铃声音量，即通过外界光线的强弱来控制铃声的大小。例如，手机装在皮包或衣服口袋里时就大声振铃，而取出时振铃就随之减小。它可以适应环境的需要，避免影响他人的同时还能节省电量，另外还能避免因为铃声过小漏接电话等。

（2）光电晶体管的结构和基本工作原理　光电晶体管的结构如图 8-16 所示，为适应光电转换的要求，它的基区面积较大，发射区面积较小，入射光主要被基区吸收。管子的芯片被装在带有玻璃透镜的金属管壳内，当有光照射时，光线通过透镜集中照射在芯片上。

光电晶体管的基本工作原理是基于光生伏特效应，它的等效图和接线图如图 8-17 所示。

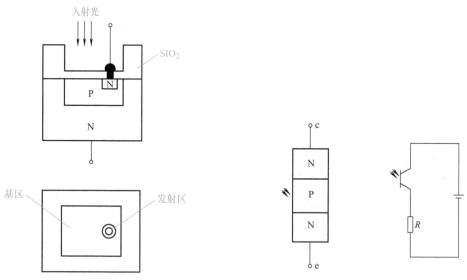

图 8-16　光电晶体管的芯片结构示意图　　　　图 8-17　光电晶体管等效电路图

图 8-17 中光电晶体管的集电极接正，发射极接负。当无光照射时，流过光电晶体管的电流就是光电晶体管的暗电流。当有光照射在基区时，激发产生的电子–空穴对增加了少数载流子的浓度，使集电结反向饱和电流大大增加，这就是光电晶体管集电结的光生电流。该电流注入发射结进行放大，成为光电晶体管集电极与发射极间电流，它就是光电晶体管的光电流。

（3）NOKIA N73 手机光线传感器电路　　NOKIA N73 手机的光电晶体管就位于前摄像头旁边。光线传感器的主要功能有：在光线充足的情况下，在 2～3s 之后键盘灯会自动熄灭（即使操作手机键盘灯也不会亮），到了光线比较暗的地方后键盘灯才会自动亮起来；在光线充足的情况下用手将光线感应器遮上 2～3s 之后，键盘灯就会自动亮起来。NOKIA N73 手机的光线传感器电路如图 8-18 所示。

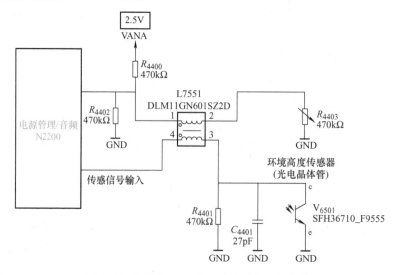

图 8-18　NOKIA N73 手机的光线传感器电路

工作原理如下：光电晶体管 V_{6501} 将感应到的光线变成电信号送到电源管理/音频 IC 中的检测电路中，然后输出控制信号，控制 LCD 背光灯，使之能够随环境光线的强弱变换亮度，以达到节省电量满足视觉需要的目的。手机光线传感器的功能主要在手机菜单中设置后才能使用。光线传感器 c、e 结开路会造成手机光线传感器功能失效；光线传感器 c、e 结短路会造成手机 LCD 黑屏现象。

3. 手机中的磁控传感器

在翻盖、滑盖手机的控制电路中常会用到磁控传感器，即通过磁信号来控制电路通断的传感器，主要是指干簧管和霍尔元件。磁控传感器常被用于滑盖手机、翻盖手机电路中，特别是早期的爱立信、摩托罗拉、三星手机使用最多。通过翻盖的动作，使翻盖上磁铁控制磁控传感器闭合或断开，从而实现挂断电话或接听电话等功能。

（1）干簧管　干簧管主要应用于老式的手机中，由于干簧管易碎等原因，在新型手机中已经很少采用，所以这里只对干簧管的外形特征和基本工作原理进行简单介绍。

干簧管传感器的外壳一般是一根密封的玻璃管，在玻璃管中装有两个铁质的弹性簧片电极，玻璃管中充有某种惰性气体。

干簧管是利用磁场信号来控制的一种电路开关器件，它的工作原理示意图如图 8-19 所示，它是使用磁铁来控制这两个簧片的接通与断开达到控制目的。玻璃管中的两个簧片是分开的，当有磁性物质靠近玻璃管时，在磁场作用下管内的两个簧片被磁化而互相吸引接触，使两个引脚所接的电路连通。外磁场消失后，两个簧片由于本身的弹性而分开，电路断开。

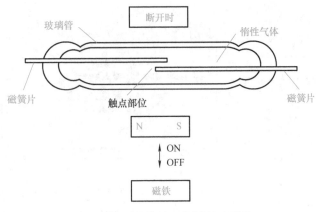

图 8-19　干簧管的工作原理示意图

在采用干簧管传感器结构的手机中，除有一个干簧管传感器外，还有一个辅助磁铁，手机在通话时，磁铁应远离干簧管传感器，故这类手机有个共同的特点，就是磁铁在翻盖上（翻盖式手机）或听筒旁（折叠式手机）。如果手机既不是折叠式，又不是翻盖式，则不需采用干簧管传感器。

当干簧管传感器损坏时，手机会出现一些很复杂的故障，如部分或全部按键失灵、开机困难、不显示等。因此，在检修手机开机困难、按键失灵、不显示等故障时，不可忘记对干簧管传感器的检查。

干簧管传感器本身是一种玻璃管，而玻璃易碎，所以干簧管传感器很容易损坏，特别是摔过的手机尤其如此，因此，之后的一些折叠式和翻盖式手机已不再采用干簧管传感器，而采用原理与干簧管传感器类似的霍尔传感器来代替。

（2）霍尔元件及其应用　霍尔元件主要应用在翻盖或滑盖手机的控制电路中，通过翻盖或滑盖的动作来控制挂掉电话或接听电话、锁定键盘及解除键盘锁等。实际上，霍尔元件是一个使用非常广泛的电子器件，在录像机、电动车、汽车、计算机散热风扇中都有应用。

霍尔传感器的工作原理是基于霍尔效应的。所谓霍尔效应，是指磁场作用于载流金属导体、半导体中的载流子时，产生横向电位差的物理现象，用公式表示如下：

$$E_H = K_H BI\cos\theta$$

式中，E_H 为霍尔电动势；K_H 为霍尔系数，当为某个确定霍尔元件时为定值；B 为通过的磁场强度；I 是流经的电流值；θ 为磁场方向和电流流经方向的夹角。

霍尔传感器分为线性型霍尔传感器和开关型霍尔传感器两种，前者由霍尔元件、线性放大器和射极跟随器组成，它输出模拟量；后者由稳压器、霍尔元件、差分放大器、施密特触发器和输出级组成，它输出数字量。

手机中使用的霍尔传感器是微功耗开关型霍尔传感器。在翻盖或滑盖手机中霍尔传感器的位置是固定的，一般在磁铁对应的主板的正面或反面，只要找到磁铁就一定能找到霍尔传感器。直板手机中没有这个电路。

手机霍尔传感器电路如图 8-20 所示，当磁场作用于霍尔元件时产生一微小电压，经放大器放大及施密特电路后使晶体管导通输出低电平；当无磁场作用时晶体管截止，输出为高电平。

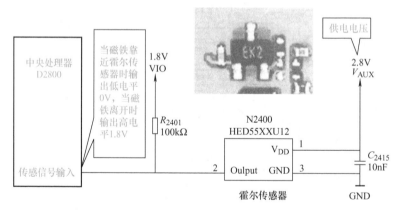

图 8-20　NOKIA N95 滑盖手机的霍尔传感器电路

在滑盖手机中，霍尔传感器在上盖对应的方向有一个磁铁，用磁铁来控制霍尔传感器传感信号的输出。当合上滑盖的时候，霍尔传感器输出低电平作为中断信号传送到 CPU，强制手机退出正在运行的程序，并且锁定键盘，关闭 LCD 背景灯；当打开滑盖的时候，霍尔传感器输出 1.8V 高电平，手机解锁，背景灯发光，接通正在打入的电话。

相对于干簧管传感器来说，霍尔传感器寿命较长，不易损坏；对振动、加速度不敏感；作用时开关时间较快，一般为 0.1 ~ 2ms，较干簧管传感器的 1 ~ 3ms 快得多。

4. 手机中的电阻屏和电容屏

触摸屏（Touch Panel）是平时对手机中使用的触摸传感器（Touch Sensor）的俗称，又称为触控面板，它的使用使人机交互更加直观和方便，增加了人机交流的乐趣，同时也减少了手机菜单按键，使得操作更加便捷、简单。目前在手机中最常用的触摸屏有电阻屏和电容屏两类。

（1）电阻屏　很多 LCD 模块都采用了电阻屏，电阻屏是覆盖在 LCD 上面一层玻璃结构的透明的材料，它与 CD 是可以分离的，可以单独进行更换，有些手机的触摸屏和 LCD 合在一起，如果触摸屏损坏只能一起更换。部分手机会在触摸屏上面加一个屏幕面板，用来保护触摸屏和 CD。

电阻屏是一种传感器，它将矩形区域中触摸点 (X, Y) 的物理位置转换为代表 X 坐标和 Y 坐标的电压。具体地说，电阻屏基本上是薄膜加上玻璃的结构，如图 8-21 所示，在薄膜和玻璃相对的两个面上均涂有 ITO（纳米铟锡金属氧化物）涂层，ITO 具有很好的导电性和透明性。当进行触摸操作时，薄膜下层的 ITO 会接触到玻璃上层的 ITO，经由感应器传出相应的电信号，经过转换电路送到处理器，通过运算转化为屏幕上的 X、Y 值，从而完成点选的动作，并呈现在屏幕上。

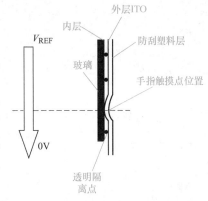

图 8-21　电阻触摸屏的结构

实际上，当触摸屏表面受到的压力（如通过笔尖或手指进行按压）足够大时，顶层与底层之间会产生接触。所有的电阻屏都采用分压器原理来产生代表 X 坐标和 Y 坐标的电压，如图 8-22 所示，分压器是通过将两个电阻进行串联来实现的。上面的电阻（R_1）连接正参考电压（V_{REF}），下面的电阻（R_2）接地。两个电阻连接点处的电压测量值与下面那个电阻的阻值成正比。

当触摸屏上的压力足够大，使两层之间发生接触时，电阻性表面被分隔为两个电阻，对应的阻值与触摸点到偏置边缘的距离成正比。触摸点与接地端之间的电阻相当于分压器中 R_2 电阻。

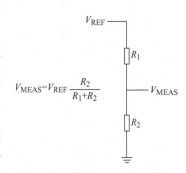

图 8-22　触摸屏的分压原理

在手机中使用的电阻屏大多是四线触摸屏。四线触摸屏包含两个阻性层，其中一层在屏幕的左右边缘各有一条垂直总线，另一层在屏幕的底部和顶部各有一条水平总线，如图 8-23 所示。

四线触摸屏的工作原理如下：在触摸屏幕后，起到电压计作用的触摸管理芯片首先在 $X+$ 点上施加电压梯度 V_{DD}，在 $X-$ 点上施加接地电压 GND；然后检测 X 轴电阻上的模拟电压，并把模拟电压转化成数值，用 A-D 转换器计算出 X 坐标。在这种情况下，$Y-$ 轴就变成了感应线。同样道理，在 $Y+$ 和 $Y-$ 点分别施加电压梯度，可以测量 Y 轴坐标。

图 8-24 是某款手机的电阻屏电路，电路由触摸检测部件、触摸屏控制芯片、CPU 组成，

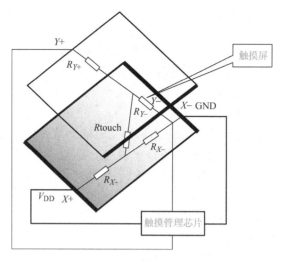

图 8-23　四线电阻屏工作原理

触摸屏安装在 LCD 的前面。如图 8-24 所示电路，当手指触摸图标或菜单位置时，触摸屏将检测的信息送入触摸屏控制芯片，芯片的主要作用是从触摸点检测装置上接收到触摸信息，并将它转换成触点坐标，再送给 CPU，同时能接收 CPU 发来的命令并加以执行。

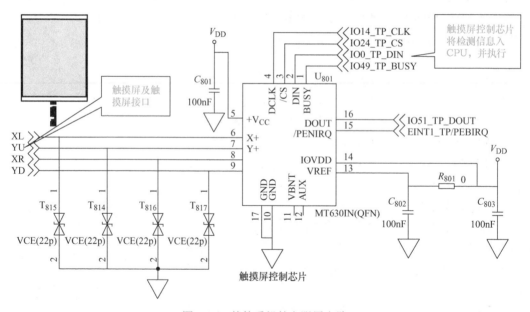

图 8-24　某款手机的电阻屏电路

（2）电容屏　电容屏是在玻璃表面贴上一层透明的特殊金属导电物质。当手指触摸在金属层上时，触点的电容就会发生变化，使得与之相连的振荡器频率发生变化，通过测量频率变化可以确定触摸位置获得信息。

电容屏工作原理示意图如图 8-25 所示。电容屏的构造主要是在玻璃屏幕上镀一层透明的薄膜体层，再在导体层外加上一块保护玻璃，双玻璃设计能更好地保护导体层及感应器。

电容式触摸屏的感应屏是一块四层复合玻璃屏，玻璃屏的内表面和夹层各涂有一层导电层，最外层是一薄层矽土玻璃保护层。在屏四周均镀上狭长的电极，在导电体内形成一个欠电压交流电场。当用手指触摸感应屏时，人体的电场使手指和触摸屏表面形成一个耦合电容，对于高频电流来说，电容是直接导体，于是手指从接触点吸走一部分很小的电流。这部分电流分别从触摸屏的四角上的电极中流出，并且流经这四个电极的电流与手指到四角的距离成正比，控制器通过对这四部分电流比例的精确计算，得出触摸点的位置。

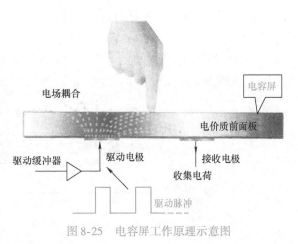

图 8-25 电容屏工作原理示意图

　　电容屏的双玻璃不但能保护导体及感应器，更能有效地防止外在环境因素对触摸屏造成的影响，即使屏幕沾有污秽、尘埃或油渍，电容式触摸屏依然能准确算出触摸位置。

　　iPhone 手机的纯平触摸屏（Touch Lens）即为电容屏，屏幕面板和触摸屏合二为一，透光率高，使用寿命长，适合手机的超薄化设计，加上可以多点触摸，深受用户喜爱。

　　相比传统的电阻屏，电容屏的优势主要有：操作新奇，电容屏支持多点触控，操作更加直观、更具趣味性；不易误触，由于电容屏需要感应到人体的电流，只有人体才能对其进行操作，用其他物体触碰时并不会有所响应，所以基本避免了误触的可能；耐用度高，即电容屏在防尘、防水、耐磨等方面有较好的表现。

　　作为目前广泛应用的触摸屏技术，电容屏虽然具有界面华丽、多点触控、只对人体感应等优势，但也有准确度不高、易受环境影响和成本偏高等缺点。

　　触摸传感器除了以上介绍的电阻屏和电容屏，还有其他类型的触摸屏，在此不再赘述。

5. 手机中的电子指南针

　　指南针是重要的导航工具，在很多领域都有广泛的应用。电子指南针将替代罗盘指南针，因为它全部采用固态元件，而且可以方便地和其他电子系统连接。电子指南针系统中磁场传感器的磁阻（MR）技术是最佳的解决方法，它比磁通量闸门传感器和霍尔元件都更先进。

　　随着半导体工艺的进步和手机操作系统的发展，集成了越来越多传感器的智能手机功能变得越来越强大，很多手机上都实现了电子指南针的功能，而基于电子指南针的应用在各个软件平台上也流行起来。

　　电子指南针也称电子罗盘，是一种重要的导航工具，它能实时提供移动物体的姿态和航向。要实现电子指南针功能，需要一个检测磁场的三轴磁传感器和一个三轴加速度传感器。随着 MEMS 技术的成熟，意法半导体公司推出了一款成本低、性能高的电子罗盘模块 LSM303DLH，它是将三轴磁传感器和三轴加速度传感器集成在一起实现二合一的传感器模块。

　　下面通过 LSM303DLH 模块来说明手机中电子罗盘功能的实现。在 LSM303DLH 中，磁力计采用各向异性磁致电阻（AMR）材料来检测空间中磁感应强度的大小。这种具有晶体结构的合金材料 AMR 对外界的磁场很敏感，而且磁场的强弱变化会导致 AMR 自身电阻值发生变化。

如图 8-26 所示，在制造过程中，将一个强磁场加在 AMR 上使其在某一方向上磁化，建立起一个主磁域，与主磁域垂直的轴被称为该 AMR 的敏感轴。

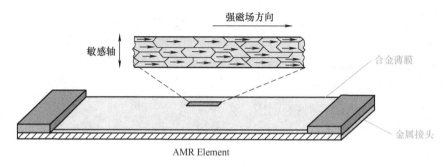

图 8-26　AMR 材料示意图

如图 8-27 所示，为了使测量结果以线性的方式变化，AMR 材料上的金属导线呈 45°夹角倾斜排列，电流从这些导线上流过，这样由初始强磁场在 AMR 材料上建立起来的主磁域和电流方向呈 45°夹角。

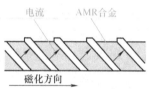

图 8-27　45°角排列的导线

如图 8-28 所示，当有外界磁场 H_a 时，AMR 上主磁域方向就会发生变化而不再是初始的方向了，与此同时磁场方向 M 和电流 I 的夹角 θ 也会发生变化。对 AMR 材料来说，θ 角的变化就会引起 AMR 自身阻值的变化，且它们之间呈现的是如图 8-29 所示的线性关系。

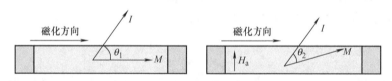

图 8-28　磁场方向和电流方向的夹角

根据上述原理，可以采用图 8-30 所示的惠斯通电桥检测 AMR 阻值的变化。图 8-30 中 R_1、R_2、R_3 和 R_4 是初始状态相同的 AMR 电阻，但是 R_1/R_2 和 R_3/R_4 具有相反的磁化特性。

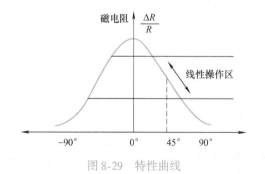

图 8-29　特性曲线

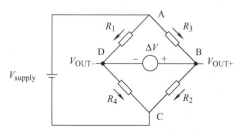

图 8-30　惠斯通电桥检测 AMR 阻值

当 $R_1 = R_2 = R_3 = R_4 = R$，在外界磁场的作用下电阻变化为 ΔR 时，电桥输出 ΔV 正比于 ΔR，这就是磁力计的工作原理。

当检测到外界磁场时，R_1/R_2 阻值增加 ΔR，而 R_3/R_4 减少 ΔR。这样在没有外界磁场的情况下，电桥的输出为零；而在有外界磁场时，电桥的输出为一个微小的电压 ΔV。

一个电子指南针系统至少需要一个三轴磁力计以测量磁场数据，一个三轴加速计以测量指南针倾角，通过信号调理和数据采集部分将三维空间中的重力分布和磁场数据传送给处理器。处理器通过磁场数据计算出方位角，通过重力数据进行倾斜补偿。这样处理后输出的方位角不受电子指南针盘空间姿态的影响。

意法半导体公司的 LSM303DLH 模块如图 8-31 所示，它将加速度传感器、磁力传感器、A-D 转换器及信号调理电路集成在一起，通过 I²C 总线和处理器通信，用一块芯片就实现了六轴的数据检测和输出，减小了 PCB 的占用面积，降低了器件成本。

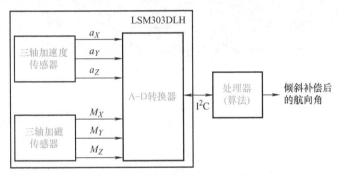

图 8-31 LSM303DLH 模块

实现电子指南针功能的 LSM303DLH 应用电路如图 8-32 所示，磁力传感器和加速度传感器各自有一条 I²C 总线和处理器通信。C_1 和 C_2 为置位/复位电路的外部匹配电容，由于对置位脉冲和复位脉冲有一定的要求，通常不能随意修改 C_1 和 C_2 的大小。

电路中，当 I/O 接口电平为 1.8V 时，Vdd_dig_M、Vdd_IO_A 和 Vdd_I2C_bus 均可接 1.8V 供电，V_{dd} 使用 2.5V 以上供电即可。如果接口电平为 2.6V，除了 Vdd_dig_M 要求 1.8V 以外，其他皆可以用 2.6V。

LSM303DLH 的突出优点是可以分别对磁力传感器和加速度传感器的供电模式进行控制，使其进入睡眠或低功耗模式，另外用户也可自行调整磁力传感器和加速度传感器的数据更新频率，以调整功耗水平。

通常在磁力传感器数据更新频率为 7.5Hz、加速度传感器数据更新频率为 50Hz 时，消耗电流典型值为 0.83mA，而在待机模式时，消耗电流小于 3μA。

6. 手机中的三轴陀螺仪

三轴陀螺仪可同时测定六个方向的位置、移动轨迹、加速度。单轴只能测量一个方向的量，也就是一个系统需要三个陀螺仪，而三轴的一个就能替代三个单轴的。三轴陀螺仪体积小、重量轻、结构简单、可靠性好，是今后的发展趋势。三轴陀螺仪结构如图 8-33 所示。

在 iPhone 手机中内置的三轴陀螺仪，与加速器和指南针一起工作，可以实现六轴方向感应，三轴陀螺仪更多的用途会体现在 GPS 和游戏效果上。一般来说，使用三轴陀螺仪后，

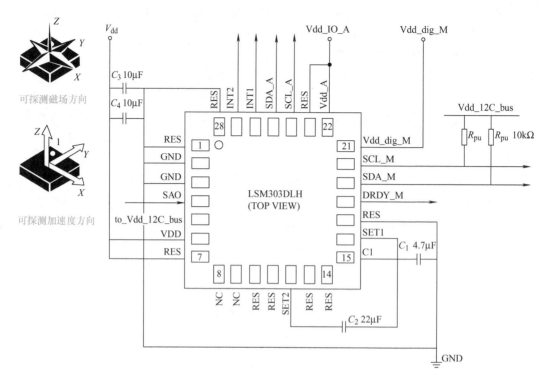

图 8-32 LSM303DLH 应用电路

导航软件就可以加入精准的速度显示，对于现有 GPS 导航来说是强大冲击，同时游戏方面的重力感应特性更加强悍和直观，游戏效果将大大提升。这个功能可以让手机在进入隧道丢失 GPS 信号的时候，凭借陀螺仪感知的加速度方向和大小继续为用户导航。而三轴陀螺仪将会与 iPhone 手机原有的距离感应器、光线感应器、方向感应器结合起来让人机交互功能达到新高度。

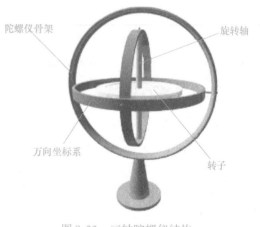

图 8-33 三轴陀螺仪结构

（1）三轴陀螺仪的应用　在工程上，陀螺仪是一种能够精确地确定运动物体的方位的仪器，它是现代航空、航海、航天和国防工业中广泛使用的一种惯性导航仪器，它的发展对一个国家的工业、国防和其他高科技的发展具有十分重要的战略意义。

传统的惯性陀螺仪主要是指机械式的陀螺仪，它对工艺结构的要求很高，结构复杂，准确度受到了很多方面的制约。自从 20 世纪 70 年代以来，现代陀螺仪的发展已经进入了一个全新的阶段。1976 年美国 Utah 大学的 Vali 和 Shorthill 提出了现代光纤陀螺仪的基本设想，到 80 年代以后，现代光纤陀螺仪就得到了非常迅速的发展，与此同时激光谐振陀螺仪也有了很大的发展。

由于光纤陀螺仪具有结构紧凑、灵敏度高、工作可靠等优点，所以目前光纤陀螺仪在很多的领域已经完全取代了机械式的传统的陀螺仪，成为现代导航仪器中的关键部件。和光纤陀螺仪同时发展的除了环式激光陀螺仪外，还有现代集成式的振动陀螺仪，集成式的振动陀螺仪具有更高的集成度，体积更小，也是现代陀螺仪的一个重要的发展方向。

现代光纤陀螺仪包括干涉式陀螺仪和谐振式陀螺仪两种，它们都是根据塞格尼克的理论发展起来的。塞格尼克理论的要点是这样的：当光束在一个环形的通道中前进时，如果环形通道本身具有一个转动速度，那么光线沿着通道转动的方向前进所需要的时间要比沿着这个通道转动相反的方向前进所需要的时间要多。也就是说当光学环路转动时，在不同的前进方向上，光学环路的光程相对于环路在静止时的光程都会产生变化。利用这种光程的变化，如果使不同方向上前进的光之间产生干涉来测量环路的转动速度，这样就可以制造出干涉式光纤陀螺仪；如果利用这种环路光程的变化来实现在环路中不断循环的光之间的干涉，也就是通过调整光纤环路的光的谐振频率进而测量环路的转动速度，就可以制造出谐振式的光纤陀螺仪。

干涉式陀螺仪在实现干涉时的光程差小，要求光源可以有较大频谱宽度；谐振式陀螺仪在实现干涉时，光程差较大，要求光源必须有很好的单色性。

（2）手机中的应用 陀螺仪是用于测量或维持方向的设备，基于角动量守恒原理。这句话的要点是测量或维持方向，这是 iPhone 手机为何搭载此类设备的原因。

iPhone4 采用微型电子化的振动陀螺仪，即微机电陀螺仪。iPhone4 是当时世界上第一台内置 MEMS（微机电系统）三轴陀螺仪的手机，可以感知来自六个方向的运动、加速度、角度变化。

iPhone4 手机采用了 MEMS（微机电系统）陀螺仪芯片，芯片内部包含一块微型磁性体，可以在手机进行旋转运动时产生的科里奥力作用下向 X、Y、Z 三个方向发生位移，利用这个原理便可以测出手机的运动方向。而芯片核心中的另外一部分则可以将有关的传感数据转换为 iPhone4 可以识别的数字格式。

ST 公司的 L3G 系列的陀螺仪传感器比较流行，iPhone4 和 Google 公司的 Nexus S 中使用了该种传感器。根据 Nexus S 手机实测：

1）水平顺时针旋转时，Z 轴为正。
2）水平逆时针旋转时，Z 轴为负。
3）向左旋转时，Y 轴为负。
4）向右旋转时，Y 轴为正。
5）向上旋转时，X 轴为负。
6）向下旋转时，X 轴为正。

7. 手机中的其他传感器

（1）重力传感器 重力传感器简称 GV-sensor，手机上的重力传感器是利用压电效应实现的，简单来说是通过测量内部一块重物（重物和压电片做成一体）重力正交两个方向的分力大小，来判定水平方向。通过对力敏感的传感器，感受手机在变换姿势时重心的变化，使手机光标变化位置，从而实现选择的功能。支持摇晃切换所需的界面和功能，如翻转静音、甩动切换视频等，是一种非常具有使用乐趣的功能。

重力传感器简单来说就是，本来手机拿在手里是竖着的，若将它转 90°，它的界面就跟随重心变化自动反转过来，极具人性化。

（2）加速度传感器　加速度传感器简称 G-sensor，是一种能够测量加速力的电子设备。加速力就是当物体在加速过程中作用在物体上的力，就好比地球引力，也就是重力。加速度有两种：一种是静态的加速度，把加速度传感器倾斜一个角度，重力场会在感应场上产生一个分量，通过这个分量，可以测量出手机倾斜了多少角度，由此实现一些前后左右的控制；另外一种就是所谓的动态加速度，可以侦测速度、撞击等。

手机中常用的加速度传感器有 BOSCH（博世）公司的 BMA 系列、AMK 公司的 897X 系列、ST 公司的 LIS3X 系列等。这些传感器一般提供 ±2 ~ ±16g 的加速度测量范围，采用 I^2C 或 SPI 接口和 MCU 相连，数据准确度小于 16bit。

加速度传感器用于测量手机在 3D 角度上的加速度，可用于计步和防摔保护。人在走路时身体会上下运动而产生加速度。手机中的加速度传感器能够检测这一动作。传感器输出的电信号经过处理后确定人走的步数，从而确定运动量。防摔保护也是利用加速度传感器设计的。

除了上述几种常见的传感器在手机中广泛使用外，目前的智能手机中通常还使用了方向传感器、温度传感器、压力传感器和旋转矢量传感器等。

8.2.3　任务总结

通过本任务的学习，应掌握如下知识重点：①手机中的各种传感器应用；②各种传感器应用对应的手机功能；③传感器应用原理。

手机中的
传感器

复习与训练

8-1　机器人传感器如何分类？

8-2　机器人传感器应用在哪些方面？

8-3　接近觉传感器是如何工作的？举例说明其应用。

8-4　查阅相关资料，以实例比较说明 CCD 和 CMOS 两种成像感光元器件的工作原理以及各自的优缺点等。

8-5　查阅相关资料说明 iPhonc4S 中光线传感器的功能情况。

8-6　当前流行的各款手机中，哪些是电阻屏的？哪些是电容屏的？各列举三款。

8-7　思考一下，如果手机中的电子罗盘出现故障，会出现哪些功能问题呢？具体体现在哪里？

附录 几种常用传感器的性能比较

传感器类型	典型示值范围	特点及对环境要求	应用场合与领域
电位器	500mm 以下或 360° 以下	结构简单，输出信号大，测量电路简单，摩擦力大，需要较大的输入能量，动态响应差，应置于无腐蚀性气体的环境中	直线和角位测量
应变片	200μm 以下	体积小，价格低廉，准确度高，频率特性较好，输出信号小，测量电路复杂，易损坏	力、应力、应变、小位移、振动、速度、加速度及转矩测量
自感、互感	0.001~20mm	结构简单，分辨力高，输出电压高，体积大，动态响应较差，需要较大的激励功率，易受环境振动的影响	小位移、液体及气体的压力测量、振动测量
电涡流	100mm 以下	体积小，灵敏度高，非接触式，安装使用方便，频率响应好，应用领域宽广，测量结果标定复杂，必须远离非被测的金属物	小位移、振动、加速度、振幅、转速、表面稳定及状态测量、无损探伤
电容	0.001~0.5mm	体积小，动态响应好，能在恶劣条件下工作，需要的激励源功率小，测量电路复杂，对湿度影响较敏感，需要良好的屏蔽	小位移，气体及液体压力测量，与介电常数有关的参数如含水量、湿度、液体测量
压电	0.5mm 以下	体积小，高频响应好，属于发电型传感器，测量电路简单，受潮后易产生断电	振动、加速度、速度测量
光电	视应用情况而定	非接触式测量，动态响应好，准确度高，应用范围广，易受外界杂光干扰，需要放光护罩	亮度、温度、转速、位移、振动和透明度的测量，或其他特殊领域的应用
霍尔	5mm 以下	体积小，灵敏度高，线性好，动态响应好，非接触式，测量电路简单，应用范围广，易受外界磁场、温度变化的干扰	磁场强度、角度、位移、振动、转速、压力的测量或其他特殊场合应用
热电偶	-200~1300℃	体积小，准确度高，安装方便，属于发电型传感器，测量电路简单，冷端补偿复杂	测温
超声波	视应用情况而定	灵敏度高，动态响应好，非接触式，应用范围广，测量电路复杂，测量结果标定复杂	距离、速度、位移、流量、流速、厚度、液位、物位的测量及无损探伤
光栅	0.001~1×10⁴mm	测量精度高，大量程测量兼有高分辨力，可实现动态测量，易于实现测量及数据处理的自动化，具有较强的抗干扰能力，易受油污和灰尘影响，适用于在实验室和环境较好的车间使用	大位移、静动态测量，多用于自动化机床
磁栅	0.001~1×10⁴mm	测量结果易数字化，准确度高，受温度影响小，录磁方便，成本高，易受外界磁场影响，需要磁屏蔽	大位移、静动态测量，多用于自动化机床

参 考 文 献

[1] 陈黎敏. 传感器技术及其应用 [M]. 2版. 北京：机械工业出版社, 2018.

[2] 沈聿农. 传感器及应用技术 [M]. 3版. 北京：化学工业出版社, 2014.

[3] 李艳红, 李海华, 杨玉蓓. 传感器原理及实际应用设计 [M]. 北京：北京理工大学出版社, 2016.

[4] 李林功. 传感器技术及应用 [M]. 北京：科学出版社, 2015.

[5] 何道清, 张禾, 谌海云. 传感器与传感器技术 [M]. 3版. 北京：科学出版社, 2014.

[6] 樊尚春. 传感器技术及应用 [M]. 3版. 北京：北京航空航天大学出版社, 2016.

[7] 耿欣. 传感器与检测技术：项目教学版 [M]. 北京：清华大学出版社, 2014.

[8] 赵新宽, 杨彦娟. 传感器技术及实训 [M]. 2版. 北京：机械工业出版社, 2016.